ROBOT
INDUSTRY

ASIMO
HONDA

국내외 로봇 관련
산업분석보고서 2023개정판

저자 비피기술거래 비피제이기술거래

㈜ 비티타임즈

01. 서론

1. 서론

[그림 2] 로봇

 이미 하루 중 우리가 사용하는 기계만 해도 많은 수에 달할 정도로 로봇은 우리의 삶에 있어 떼어놓을 수 없는 가장 중요한 기술이다. 특히 한국은 반도체·디스플레이·철장·조선 등 제조업 분야의 세계적인 강국이기에 로봇은 더욱 뗄 수 없는 기술이라고 할 수 있다.

 국제로봇연맹에(IFR)의 2022년 12월 5일, 월드 로보틱스 2022 보고서에 따르면 한국 근로자 10,000명당 산업용 로봇 대수가 1,000대로, 세계에서 가장 로봇 밀집도가 높은 나라로도 선정되었다. 이는 세계 평균 로봇 밀집도(141대)보다 약 7배 이상 높은 수준이다. 로봇 밀도는 전 세계 제조 산업에서 자동화 채택의 핵심 지표라고 할 수 있다. 우리나는 세계적으로 인정받는 전자 산업과 뚜렷한 자동차 부문을 통해 높은 성장세를 보였다.

 4차 산업혁명이 대두되고, 다양한 기술이 연구되면 될수록 기계의 중요성은 더욱 커지고 있으며 다양한 기계들이 개발되고, 많은 기술을 탑재하고 있다. 본 보고서에서는 이러한 다양한 로봇들의 특징을 알아보고, 최근 동향과 시장전망을 살펴보고자 한다.

02. 로봇산업 개요

2. 로봇산업 개요[1][2]

가. 로봇 개요

로봇(robot)이란 말은 1922년 발표된 체코슬로바키아의 극작가 카렐 차펙 (Karel Capek)이 쓴 희곡 <로섬의 유니버설 로봇(Rossum's Universal Robot)>에서 나온 체코슬로바키아어로서, 강제 노역을 의미하는'로보타(robota)'에서 유래되었다.

로봇의 원어는 '일을 하는 기구'란 뜻으로 웹스터 사전에는 로봇을 인간과 비슷한 일을 하는 장치라고 명시하고 있다. 즉 로봇은 프로그램된 다양한 움직임에 따라 여러 가지 일들을 수행하는 조작기라는 것이다.

로봇이란 인간과 같이 운동 기능과 지능을 종합적으로 갖춘 범용의 기계라고 할 수 있다. 공학적으로 말하면 로봇은 작업을 하는 손, 환경을 이해하는 시각이나 촉각, 작업 순서를 스스로 계획하여 실행하는 기능, 인간과의 대화수단을 갖추고 자유롭게 동작할 수 있는 범용의, 그러면서도 하나의 기체로 종합된 기계 시스템으로 다양한 과업 수행을 위해 프로그래밍 될 수 있는 기계이다.

로봇에 대한 정확한 정의는 없지만 일반적으로 '인격을 갖고 있지 않은 기계로서 사람에 의해 프로그램 된 후에 명령에 따라 스스로 동작하는 기계'라고 말할 수 있을 것이다.

나. 로봇산업 발전[3]

로봇은 사람의 명령 또는 현장제어에 따라 수동적, 반복적 작업을 수행했으나 ICT 기술 발전과 융복합화로 능동적 작업 수행이 가능한 지능형 로봇으로 발전하였다.

1960~1980년대는 로봇 도입 초기 단계로 로봇은 프로그램된 기계 장치에 머물렀으며 로봇 연구테마는 모터와 관련 컨트롤러 개발에 집중되었다. 자동차산업을 시작으로 대규모 제조업에 로봇이 도입되기 시작했으며 로봇은 사람과 격리된 공간에서 반복적이고 위험한 업무를 수행하게 되었다.

1990~2000년대는 로봇의 Transforming 단계로 로봇의 산업 및 상업적 사용이 확

---

1) 자동차 생산기술과 로봇 자동화
2) 로봇 구조 일반, 고등학교 교과서
3) 미래형제조로봇/NICE평가정보(주)

대되었으며 로봇 연구테마는 Automation(자동화)에 집중되었다. 로봇의 환경 인지능력 제고를 위해 다양한 센서 연구가 증가했으며, 원격조정 로봇도 주요 연구 주제로 부상하였으며, 일본 혼다가 인간의 신체와 유사한 모습을 갖춘 이족 보행 휴머노이드 로봇을 발표하였다.

 2010~2020년대는 로봇의 Digitalization(딥러닝 등)에 연구가 집중되었으며 로봇과 사람이 동일 공간에서 작업 가능한 협동로봇이 등장하였다. 2020년대초부터는 로봇의 대중화 단계로 AIoT(사물지능융합기술), 클라우드 로보틱스 등으로 로봇의 고도화 전망된다.

분류	단계	주요 내용
Robotics 1.0	초기 단계 (1960s~1980s)	· 사용처: 대규모 제조업 · 연구테마: Motorization(로봇 컨트롤러, 모터) · 격리된 공간에서 반복적이고 위험한 업무 수행
Robotics 2.0	Trasforming 단계 (1990s~2000s)	· 사용처: 산업 및 상업적 사용 · 연구테마: Automation(힘/토크 센서, 머신비전 등) · 휴머노이드 로봇의 출현
Robotics 3.0	빅뱅 단계 (2010s~2020s)	· 연구테마: Digitalization (딥러닝, 빅데이터 등) · 협동로봇의 출현
Robotics 4.0	대중화 단계 (2020s~)	· 연구테마: 협업과 인지(클라우드 로보틱스, 5G AIoT(사물지능융합기술) 등)

자료 : Zhen Gao, 'From Industry 4.0 to Robotics 4.0 – A Conceptual Framework for Collaborative and Intelligent Robotics Systems', 2019

[그림 4] 로봇산업 발전과정 - 산업용 로봇 중심으로

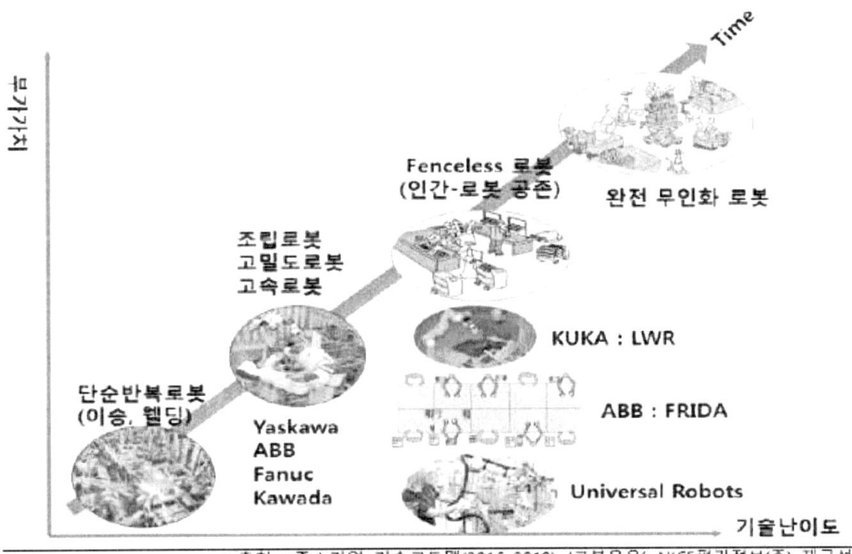

* 출처 : 중소기업 기술로드맵(2016-2018), '로봇응용', NICE평가정보(주) 재구성

[그림 5] 로봇의 형태 변화

산업용 로봇은 제조현장에서 제품 생산부터 출하까지의 공정내 작업을 수행하기 위한 자동조정장치로 전통 산업용 로봇과 협동로봇으로 분류한다. 전통 산업용 로봇은 소수의 반복적 업무를 수행하는 대형 로봇으로 사람의 안전을 지키기 위해 펜스 설치, 안전거리 확보 등이 필요하며, 협동로봇은 중소형 로봇으로 안전기능을 갖춰 인간과 로봇이 동일 공간에서 함께 작업이 가능하다.

협동로봇은 기존 산업용 로봇 대비 설치·시운전이 간편하며 공정 변경이 용이하여 소품종 대량생산이 가능하며 전통 산업용 로봇 대비 가격이 낮다. 협동로봇의 투자회수 기간은 1년 내외, 전통 산업용 로봇의 투자회수 기간은 3년 내외이다.

산업용 로봇은 고객사별 요구 사양(예: 적재하중)이 상이하여 고객 맞춤형 생산 방식을 채택하고 있으며, 시스템통합(SI) 기업을 통해 로봇을 판매한다. 시스템통합 기업은 수요기업의 니즈에 맞게 산업용 로봇에 특정 기능을 추가하는 등 맞춤형 작업 등을 담당한다.

	전통 산업용 로봇	협동 로봇
크기	대형	중소형
속도	빠름	안전을 위한 가감속 가능
가반하중주)	~200kg+	3~16kg
안전	위험(안전펜스 필요)	안전(센서로 대체)
조작 및 운용	전통적인 프로그래밍 필요	비전문가도 프로그래밍 가능한 쉬운 운영체계
주 수요처	자동차, 전기전자	전기전자, 식품, 의약품 등
비용	고가(1억 이상)	저가(2,000~4,000만원)
공정	소품종 대량 생산에 적합	다품종 변량 생산에 적합

주: 로봇이 들어 옮길 수 있는 최대 무게
자료 : 중소벤처기업부, IBK투자증권, 로보신문.

[그림 6] 전통 산업용 로봇과 협동 로봇 비교

다. 로봇의 분류[4]

　로봇의 일반적인 분류는 용도별로 크게 산업용(제조용)과 서비스용으로 나눌 수 있으며, 다시 제조로봇에서 공장자동화 로봇과 협동로봇으로 구분되며 서비스 로봇은 의료 로봇, 물류 로봇, 소셜 로봇, 안내 로봇, 청소 로봇등으로 구분된다.

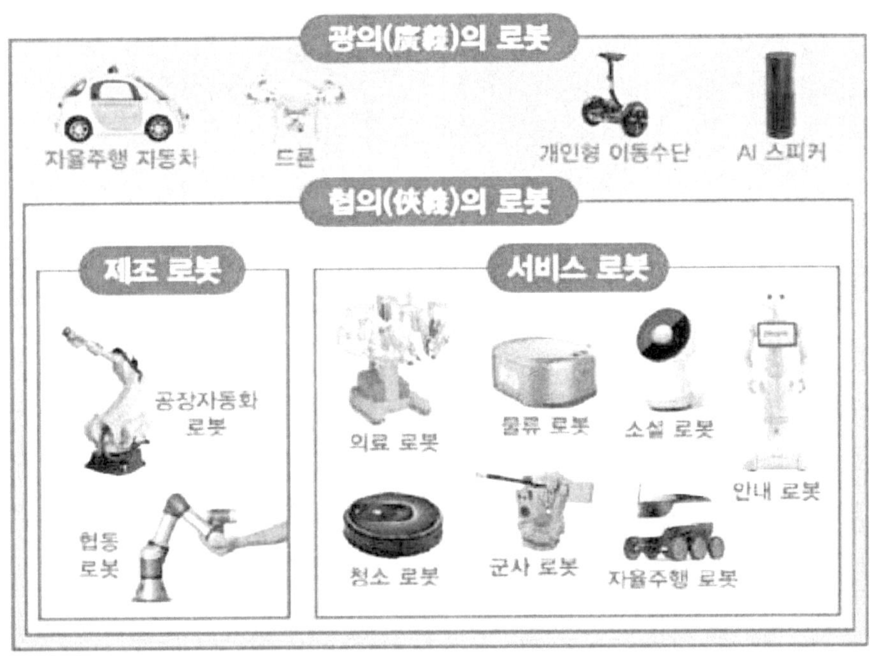

* 출처: IITP 정보통신기획평가원 홈페이지

[그림 7] 로봇의 분류

[표 1] 로봇 산업의 분류

구분	부문	기계구조별·용도별
산업용 (제조용) 로봇	공장자동화로봇	자동차, 전기·전자 등
	협동로봇	농업, 임업 등 1차 산업과 건설업 등
서비스 로봇	개인서비스	가사지원, 교육용, 개인엔터테인먼트, 실버케어 등
	전문서비스	필드로봇, 전문청소, 검사 및 유지보수, 건설 및 철거, 유통물류, 의료, 구조 및 보안, 국방 등

---

4) 로봇산업 동향 및 성장전략/한국수출입은행 해외경제연구소

1) 특수분류5)

국가전략산업으로 선정된 로봇산업을 지원하기 위해 통계적 인프라 구축을 목적으로 제정된 특수분류이다. 특수분류는 표준분류 중 특정분야에 해당하는 항목을 선정, 재구성한 분류로서 경제부분(17개)과 사회부문(3개) 총 20종이 존재한다. 로봇산업 특수분류체계는 대분류 7개, 중분류 44개, 소분류 162개로 구성한다.

[표 2] 로봇산업 특수분류표

중분류	소분류
1. 제조업용 로봇	이적재용 및 핸들링 로봇 제조
	공작물 장착 및 탈착용 로봇 제조
	용접 및 납땜용 로봇 제조
	조립, 분해, 접착, 마킹 및 라벨링용 로봇 제조
	물품 연마, 절단 등 가공 및 표면처리용 로봇 제조
	생명공학기술 공정용 로봇 제조
	측정, 검사, 시험용 로봇 제조
	기타 제조업용 로봇 제조
2. 전문서비스용 로봇	사업시설 관리용 로봇 제조
	안전 및 극한작업용 로봇 제조
	의료용 로봇 제조
	건설용 로봇 제조
	군사용 로봇 제조
	농림어업용 로봇 제조
	여가 및 오락 서비스용 로봇 제조
	기타 전문서비스용 로봇 제조
3. 개인서비스용 로봇 제조	가사용 로봇 제조
	개인 건강관리용 로봇 제조
	개인 여가·오락·취미용 감성교감 로봇 제조
	교육용 로봇 제조
	기타 개인서비스용 로봇 제조
4. 로봇부품 제조 및 소프트웨어 개발·공급	로봇 구조용 부품 제조
	로봇 구동용 부품 제조
	로봇용 감지(센싱)장치 및 관련 부품 제조
	로봇 제어용 부품 제조
	로봇용 작동 소프트웨어 개발 및 공급
	기타 로봇부품 제조

5) 한국로봇산업진흥원

	제조업율 로봇시스템 제조
5. 로봇시스템 제조	전문서비스용 로봇시스템 제조
	기타 로봇시스템 제조
	로봇임베디드 교통수단 제조
	로봇임베디드 가전제품 제조
6. 로봇임베디드 제품 제조	로봇임베디드 운공기기 제조
	로봇임베디드 정보통신기술 적용 제품 제조
	기타 로봇임베디드 제품 제조
	로봇 도·소매
	로봇 이용 음식점 및 관련 정보서비스
	로봇 임대서비스
	로봇공학 연구개발 및 기술서비스
7. 로봇 관련 서비스	로봇 이용 시설관리 및 사업지원 서비스
	로봇 교육서비스
	로봇 이용 보건 및 사회복지 서비스
	로봇 이용 예술 ·스포츠 및 여가관련 서비스
	로봇수리 및 기타 로봇 이용 개인 서비스

2) 산업용 로봇의 분류

가) 기구 형태에 따른 로봇의 분류

명칭	정의
직교 좌표형 로봇	동작 기구가 직교 좌표(Cartesian Coordinate)를 따라 움직이는 로봇. PPP형 로봇이라고도 함.
원통 좌표형 로봇	동작 기구가 원통 좌표(Cylinderical Coordinate)를 따라 움직이는 로봇. PRP형 로봇이라고도 함.
극 좌표형 로봇	동작 기구가 극 좌표(Polar/Spherical Coordinate)를 따라 움직이는 로봇. RRP형 로봇이라고도 함.
다관절형 로봇	동작 기구가 여러 개의 관절로 구성되어 있는 로봇. RRR형 로봇이라고도 함.

[표 3] 기구 형태에 따른 로봇의 분류

(1) 직교좌표 로봇

 일명 XY 로봇이라고도 불리는 직교좌표 로봇(Cartesian Coordinate Robot)은 직선 운동을 수행하는 축으로만 구성되어 있는 로봇이다. 일반적으로 X, Y, Z의 3축으로 구성되며, 경우에 따라서는 1개 또는 2개의 축만을 사용하기도 한다. 또, 잡은 물체의 방향을 바꿀 수 있도록 하기 위하여, 로봇의 선단에 회전축을 붙여 4축으로 구성한 것도 있다.
 직교좌표 로봇은 기계적으로 튼튼하고 안정적이며 위치 정밀도가 우수하다. 또한, 인간에게 가장 익숙한 직교좌표계를 사용함으로써 이용자가 쉽게 사용할 수 있다는 장점을 가지고 있다. 그러나 동작 영역에 비하여 설치 면적이 큰 것이 단점이다.

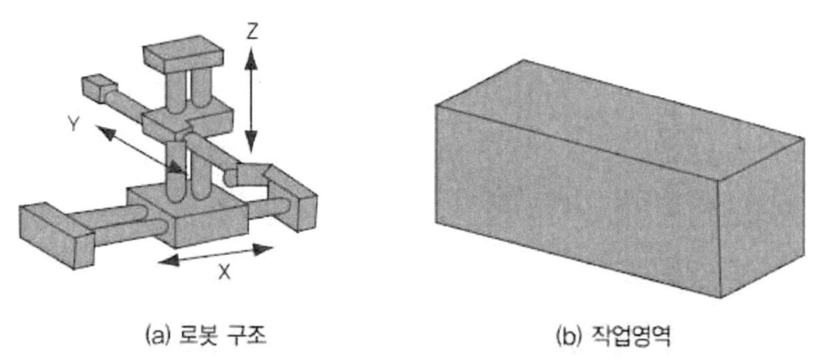

[그림 8] 직교좌표 로봇

(2) 원통 좌표 로봇

 원통 좌표 로봇(Cylindrical Coordinate Robot)은, 원통의 길이와 반지름 방향으로 움직이는 2개의 직선축과 원주 방향으로 움직이는 하나의 회전축으로 구성된 로봇이다. 원통 좌표 로봇은 작업 영역이 넓고, 설치 면적도 적으며, 위치 정밀도도 우수하다. 그러나 로봇의 엔드 이펙터(End Effector)에 과중한 하중이 걸리는 작업이나 일감의 중량이 크면, 위치 정밀도가 떨어지는 단점을 가지고 있다.

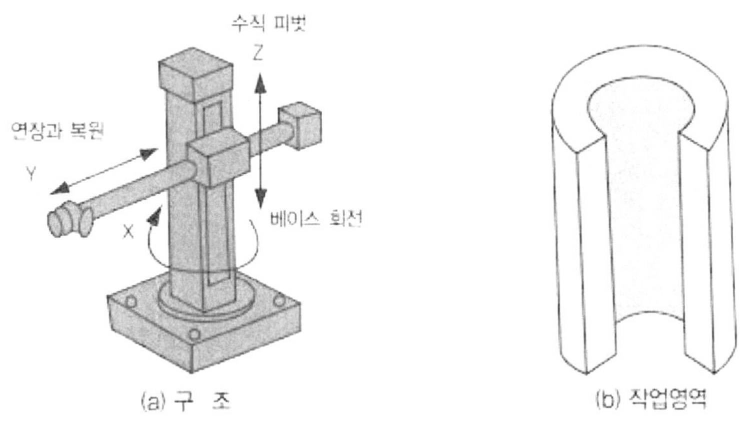

[그림 9] 원통 좌표 로봇

(3) 극좌표 로봇

극좌표 로봇(Polar Coordinate Robot)은 1개의 직선축과 2개의 회전축을 조합하여 구성한 로봇이다. 극좌표 로봇은 수직면에 대하여 상하 운동 특성이 우수하여 작업 영역이 넓고 경사진 위치에서 작업을 수행할 수 있으므로, 용접 작업이나 도장 작업에 적합하다.

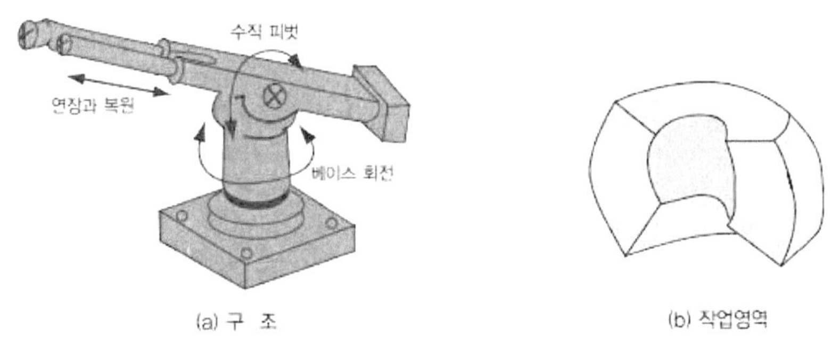

[그림 10] 극좌표 로봇

(4) 수평 다관절 로봇

스카라 로봇(Selective Compliance Assembly Robot Arm, SCARA)이라고도 불리는 수평 다관절 로봇(Horizontal Articulated Robot)은, 3개의 회전축과 하나의 직선축으로 구성된 다관절 구조의 로봇이다.

1, 2축은 수평 회전 운동을 하고, 3축은 수직 상하 운동을 하며, 4축은 다시 회전 운동을 수행한다. 스카라 로봇은 수평면상의 운동 특성을 가지고 있으므로, 조립 작업 또는 팔레타이징(Palletizing) 작업에 적합하다.

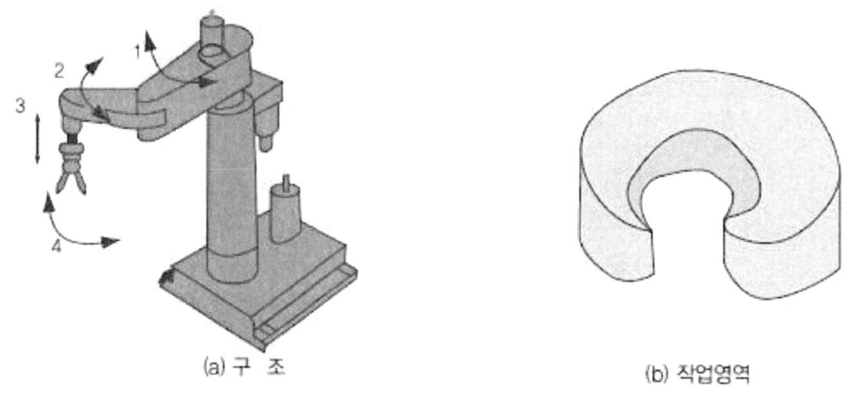

[그림 11] 수평 다관절 로봇

(5) 수직 다관절 로봇

용접 및 도장 작업 등에 가장 많이 사용되고 있는 수직 다관절 로봇(Vertical Articulated Robot)은, 관절의 구동이 모두 회전축에 의하여 수행되는 구조를 가지는 로봇이다.

일반적으로, 6개의 회전 관절을 가지고 있으며 작업 공간 내에 위치하는 임의의 작업 지점에 임의의 방향으로 접근이 가능하다. 회전 관절만으로 구성되어 있어 제어와 사용이 어렵지만, 속도가 빠르고 공간 활용 능력이 우수하며, 설치 면적과 본체의 체적이 작다는 장점을 가지고 있다.

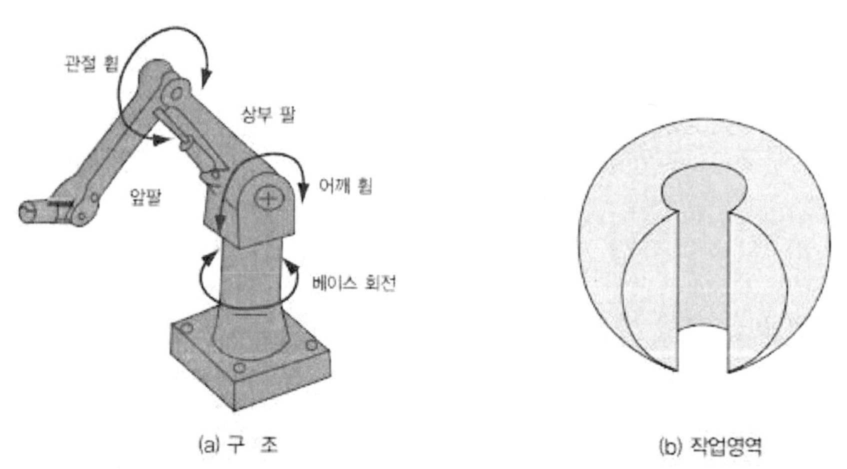

[그림 12] 수직 다관절 로봇

(6) 이동 로봇

 이동 로봇은 매니퓰레이터와 다르게 바퀴 또는 그 밖의 구동 장치에 의하여 이동할 수 있는 기능을 가진 로봇을 총칭하는 용어이다. 산업 현장에서 사용되고 있는 대표적인 이동 로봇은 물품을 적재하고, 지정된 경로를 따라서 이동하는 자율 주행 차량과 반도체 생산에서 사용되는 매니퓰레이터를 탑재한 이동 로봇이다.

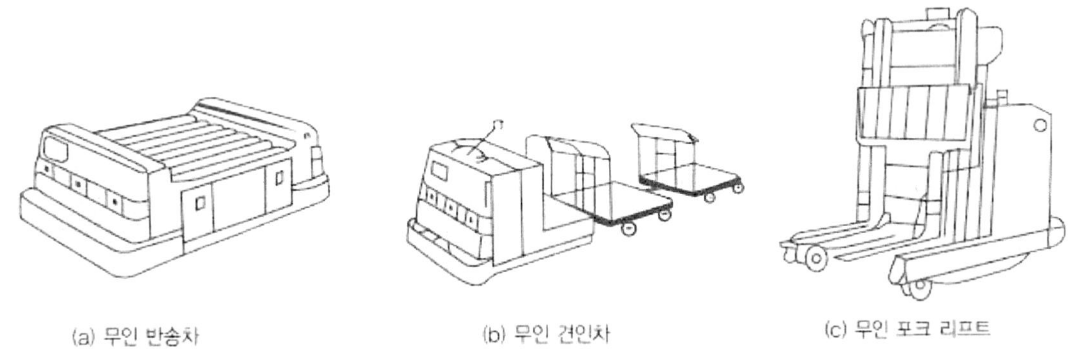

[그림 13] 자율 주행 차량의 종류

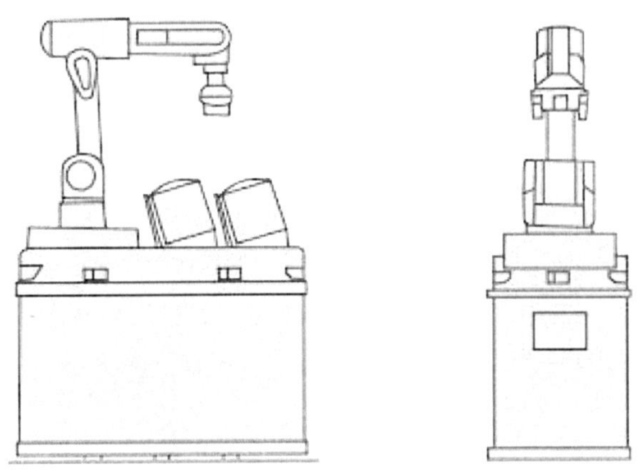

[그림 14] 매니퓰레이터 탑재형 이동 로봇

나) 제어 방법에 따른 로봇의 분류

항목	명칭	정의
서보 유무	비서보형 로봇	서보 제어(Servo Control)를 사용하지 않는 로봇
	서보형 로봇	정밀 제어를 위하여 위치, 속도, 힘 등 서보 제어를 사용하는 로봇
경로 형태	위치결정 제어형 로봇	경로상의 작업점을 따라 움직이는 로봇 PTP(Point To Point) 제어형 로봇이라고도 함
	경로 제어 결정형 로봇	연속된 경로를 따라 움직이는 로봇 CP(Continuous Path) 제어형 로봇이라고도 함

[표 4] 제어 방법에 따른 로봇의 분류

다) 성능에 따른 일반적인 로봇의 분류

명칭	정의
수동 로봇 (manual robot)	사람의 조작에 의하여 움직이는 로봇
시퀀스 로봇 (Sequence Robot)	순서, 위치, 조건 등 미리 설정된 정보에 따라 동작의 각 단계를 순차적으로 진행하는 로봇
플레이백 로봇 (Playback Robot)	사용자가 순서, 위치, 조건 등 정보를 가르치면 이를 저장한 후 필요시 재생할 수 있는 로봇
수치제어 로봇 (numerically controlled robot)	작업 순서, 위치 및 조건 등의 정보를 수치 또는 언어 등으로 표현하여 지시하면, 그 정보에 따라 작업을 수행하는 로봇
지능 로봇 (intelligent robot)	감각 및 인식 기능에 의하여 작업 수행에서 요구되는 행동을 스스로가 결정할 수 있는 기능을 가진 로봇
감각 제어 로봇 (sensory controlled robot)	감지기에 의한 감각 정보를 사용하여 스스로 동작을 제어하는 기능을 가진 로봇
적응 제어 로봇 (Adaptive Control Robot)	작업 환경의 변화에 적응하여 스스로 제어 기능을 변화시키는 능력을 가진 로봇
학습 제어 로봇 (Learning Control Robot)	작업 경험을 학습에 반영하여 이를 바탕으로 적절한 제어 기능을 발휘하는 로봇

[표 5] 성능에 따른 일반적인 로봇의 분류

라. 산업용 로봇의 구성 요소

산업용 로봇의 기계 장치는 그리퍼에 잡힌 물체 또는 실질적 작업을 위한 엔드 이펙터를 3차원 공간에서 이동시키기 위한 로봇의 기구적인 부분이다. 산업용 로봇의 기계 장치는 어떠한 형태의 로봇에서나 구조적으로 몸통, 팔, 손목, 그리고 손으로 구분되어질 수 있다.

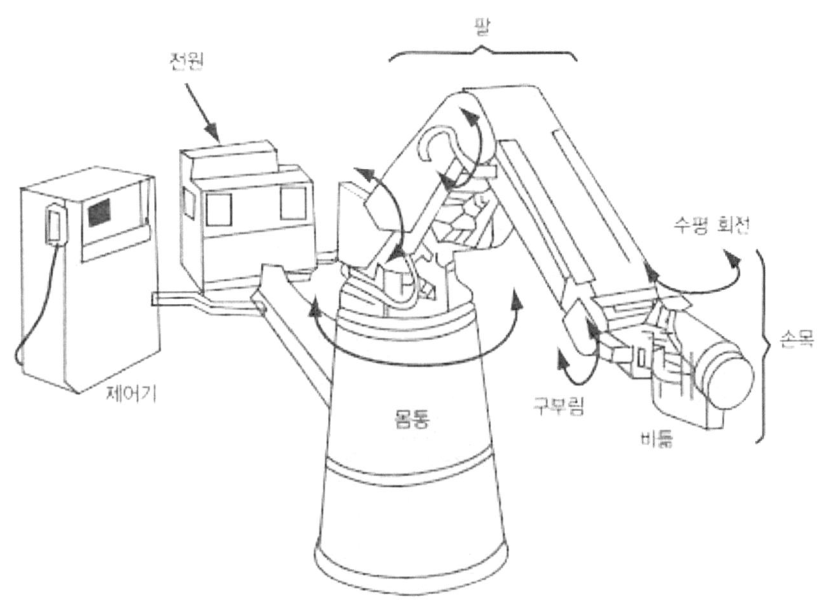

[그림 15] 산업용 로봇 기계 장치의 기본 구조

3차원 공간에 있는 임의의 물체의 위치(Position) 및 자세(Orientation)를 결정하기 위해서는 위치에 3개, 자세에 3개, 합계 6개의 독립된 변수가 필요하다. 따라서, 물체를 3차원 공간에서 이동시켜 요구되는 위치 및 자세를 결정하기 위하여 로봇에는 6개의 변수값을 자유로이 변경시킬 수 있는 자유도, 즉 6자유도가 필요하다.

특수한 경우, 수평 다관절 로봇과 같이 6자유도 미만의 자유도를 가지는 로봇이 사용되고 있다. 그러나 이들 로봇은 3차원 공간에 있는 임의의 위치에 임의의 자세로 도달할 수 없으며, 따라서 한정된 범위의 작업만을 수행할 수 있는 로봇이다.

예를 들어, 수평 다관절 로봇은 4자유도를 가지고 있고, 수평면 내에서의 운동만이 가능한 로봇이다. 그러므로 수평 다관절 로봇은 수평면 내에서의 운동만을 사용하여 작업이 완수될 수 있는 형태의 작업에만 활용될 수 있다.

로봇의 자유도를 결정하는 것은 관절(Joint)이다. 로봇 기구의 기본은 2개의 강체, 즉 링크(Link)를 1개의 관절을 사용하여 직렬로 결합한 것으로, 정지 링크에 해당되는 몸통이 고정되어 있고, 마지막 링크에 작업용 도구 또는 손을 결합한 것이다. 6자유도 로봇 기구의 기본은 정지 링크(몸통)로부터 팔에 해당되는 처음 3개의 관절은 위치를 결정하기 위하여 사용되고, 손목에 해당되는 나머지 3개의 관절은 로봇의 자세를 결정하기 위하여 사용된다.

로봇의 관절은, 직선 운동을 하는 직동 관절(Prismatic Joint)과 축방향을 중심으로 회전 운동을 하는 회전 관절(Rotational Joint)이 있다.

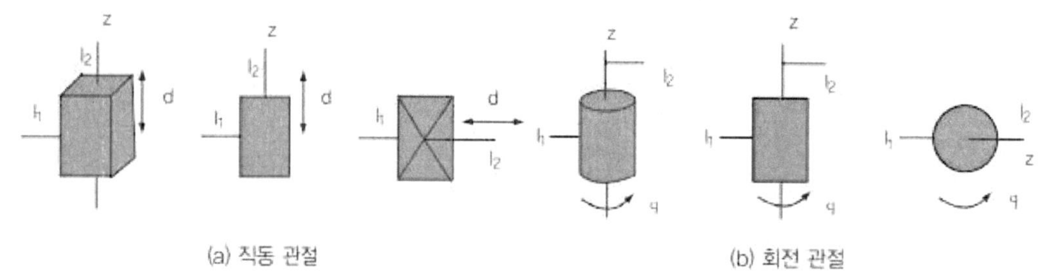

[그림 16] 관절의 종류

1) 몸체

 몸체(Body)는 팔을 원하는 위치로 이동시키는 어깨를 포함하며, 매니퓰레이터를 지지하는 역할을 한다. 몸체는 움직임의 여부에 따라 구분될 수 있는데, 몸체가 고정된 로봇을 고정형 로봇(Manipulating Robot)이라 하고, 움직일 수 있는 로봇을 이동형 로봇(Locomoting Robot)이라고 한다.

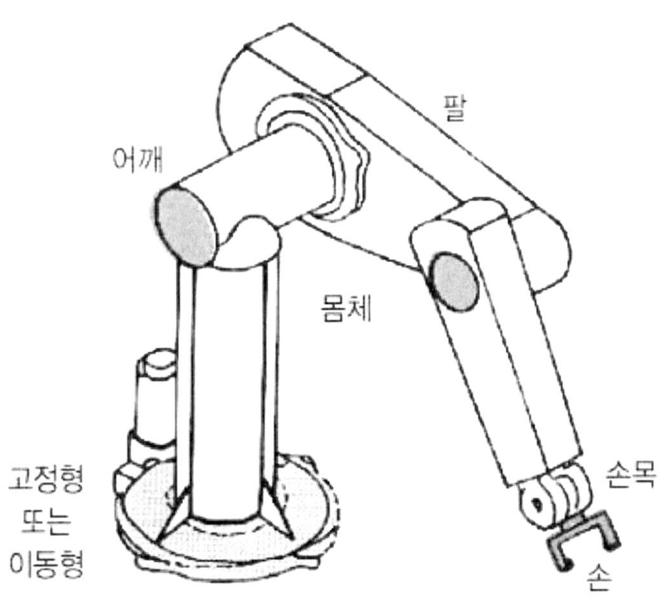

[그림 17] 산업용 로봇의 기존 구조

이동형 로봇의 움직임은 다음과 같이 구분할 수 있다.

① 직선 운동(Prismatic Motion) : 몸체가 한 방향 또는 여러 방향으로 직선 이동
② 회전 운동(Revolute Motion) : 몸체가 한 축을 중심으로 회전
③ 혼합 운동(Prismatic/Revolute Motion) : 직선 운동 + 회전 운동
④ 자유 이동(Mobile) : 바퀴, 무한궤도장치(Caterpillar) 등의 장치가 부착되어 있어 자유자재로 움직임

2) 팔

팔(Arm)은 손목(Wrist)과 손(Hand)을 원하는 위치로 보내는 역할을 한다. 팔은 상박
(Upper Arm), 하박(Lower Arm) 및 팔꿈치(Elbow)로 구성되는데, 팔의 형상과 움직
임에 따라 다음과 같이 구분할 수 있다. 단, 영문자 P는 직선 운동(Prismatic), R은
회전운동(Revolute)을 나타낸다.

① 직각형(Rectangular)
 - 팔이 몸체와 어깨의 궤도를 따라 직선 운동만 한다.
 - 3관절의 경우 3개의 직선 운동 : P-P-P

② 원통형(Cylindrical)
 - 팔이 전후로 움직이며, 몸체를 축으로 회전 및 직선 운동을 한다.
 - 3관절의 경우 2개의 직선 운동과 1개의 회전 운동 : P-R-P

③ 구형(Spherical)
 - 팔이 전후로 움직이며, 몸체를 축으로 상하, 좌우의 회전 운동을 한다.
 - 3관절의 경우 1개의 직선 운동과 2개의 회전 운동 : R-R-P

④ 다관절형(Articulated)
 - 여러 개의 관절을 이용하여 상하, 좌우로 직선 및 회전 운동을 복합적으로
한다.

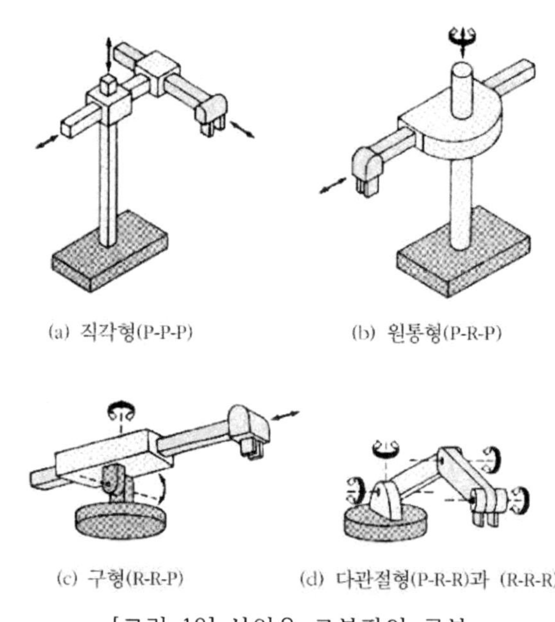

[그림 18] 산업용 로봇팔의 구분

3) 손목

 손목(Wrist)은 손을 원하는 위치 또는 방향으로 이동시키는 역할을 한다. 손목은 보통 롤(Roll), 피치(Pitch), 요(Yaw)라고 하는 세 가지 운동(RPY)을 하는데, 손목의 형상과 움직임에 따라 다음과 같이 구분할 수 있다.

① 직선형(Prismatic)
3개의 직각형 관절로 전후, 좌우, 상하 등 직선으로 움직이며, 이들 운동의 조합에 의해 롤 운동을 한다.

② 회전형(Revolute)
3개의 회전형 관절로 RPY 운동을 한다.

③ 혼합형 운동(Prismatic/Revolute)
2개의 직각형 관절과 1개의 회전형 관절로 이루어지는데, 직각형 관절이 피치 및 요 운동을 담당하고, 회전형 관절이 롤 운동을 담당한다.

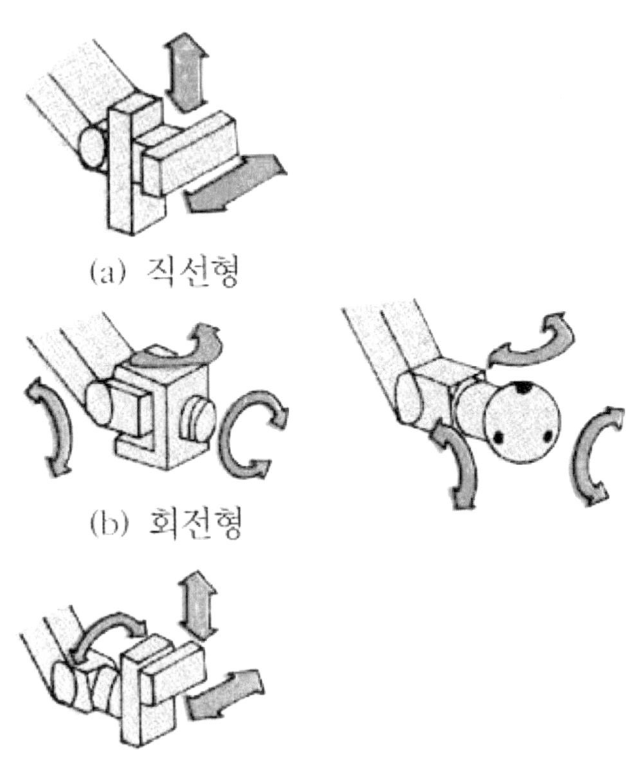

[그림 19] 손목의 구조에 따른 구분

4) 손

손(Hand)은 작업 대상물을 잡거나 주어진 작업을 실제로 수행하는 역할을 한다. 손
은 기능에 따라 그리퍼(Gripper), 엔드이펙터(End-Effector)로 구분하기도 한다. 그리
퍼는 손가락 또는 손 전체로 물건을 잡는 일을 할 경우에 사용되는 집게 모양의 로봇
손을 말하고, 엔드이펙터는 그리퍼를 포함한 각종 공구를 로봇손의 위치에 부착하여
손 대신 사용하는 경우에 일컫는다.

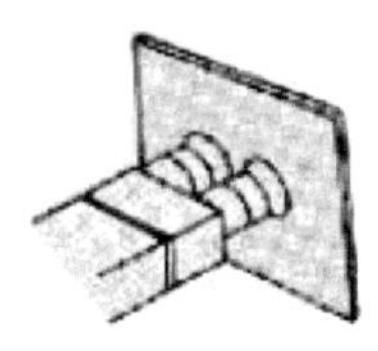 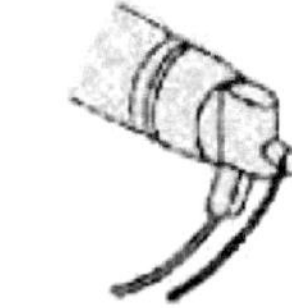 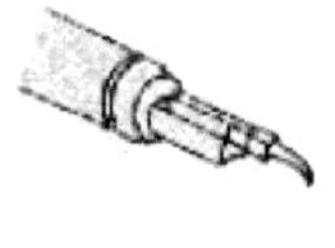 

(a) 진공 흡착　　(b) 도장(Painting)　　(c) 용접　　(d) 손가락 안으로 쥠

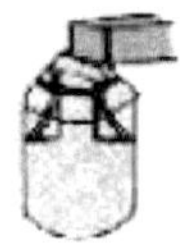  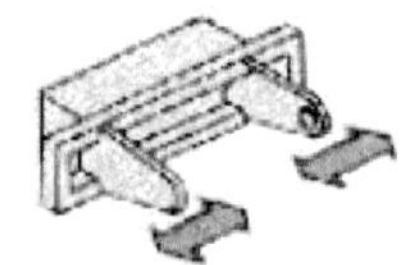 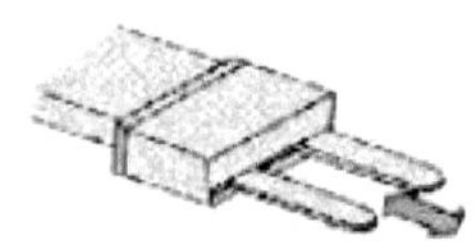

(e) 손가락 바깥　(f) 두 쌍의　　(g) 독립적으로　　(h) 포크리프트
　　으로 쥠　　　　손가락으로 쥠　움직이는 손가락　　(Fork-Lift)

[그림 20] 로봇손의 여러 가지 형태

03. 제조용 로봇

3. 제조용 로봇

가. 제조용 로봇 개요

제조용 로봇은 고정 또는 움직이는 것으로서 산업자동화 분야에 사용되며 자동 제어가 가능하고 재프로그램이 가능한 다목적 3축 이상의 다축을 가진 자동조정 장치로 정의할 수 있다.(International Federation of Robotics, IFR)

세계적으로 제조로봇의 적용 분야는 자동차 및 전기전자 분야가 70%~95%를 차지하고 있다. 제조용 로봇은 크게 조립용 로봇과 가공용 로봇으로 구분되고, 사용용도에 따라 이적재용 로봇, 부품 핸들링 로봇, 공작물 착탈용 로봇, 용접용 로봇, 표면처리용 로봇, 조립·분해용 로봇, 가공용 로봇, 공정용 로봇, 시험·검사용 로봇 등으로 구분된다.

	주요품목	주요제품 및 기술
제조용 로봇	매니퓰레이터 로봇	엔드이펙터·그리퍼, 로봇 핸드, 감속기, 엑츄에이터·모터, 관절, 다축 로봇팔, 직교좌표 로봇
	가공용 로봇	연마용 로봇, 디버링 로봇, 절단용 로봇, 기타 가공용 로봇,도장용 로봇, 코팅용 로봇, 샌드 블라스팅 로봇, 세정용 로봇, 기타 표면 처리용 로봇 등
	조립용 로봇	부품조립용 로봇, 부품분해용 로봇, 접착 및 씰링재 도포용 로봇, 납땜용 로봇, SMD, 기타 조립분해용 로봇 등
	이적재용 로봇	파렛타이징 로봇, 자동차 내외장부품 핸들링 로봇, 전기·전자부품 핸들링 로봇, 웨이퍼 카셋트 이송용 로봇, 웨이퍼 핸들링 로봇, 글라스 이송용로봇, 식품 이송용 로봇, 기타 이적재용 로봇 등
	공작물 착탈용 로봇	절삭기계용 공작물 착탈 로봇, 주물, 단조, 열처리 제품 핸들링 로봇, 프레스 제품 핸들링 로봇, 플라스틱 사출품 취출 로봇, 기타 공작물 착탈용 로봇 등
	용접 로봇	아크 용접용 로봇, 스포트 용접용 로봇, 레이저 용접용 로봇, 기타 용접용 로봇 등

[표 6] 제조용 로봇 주요 품목

글로벌 금융위기 이후 세계 제조업에 변화의 바람이 불었다. 동남아 시장의 인건비 상승으로 인해 생산비가 증가했고, 공정 자동화에 따라 인력이 감축되는 등 여러 이유로 인해 범용제품 대량생산을 위한 기존 대형 제조 기업들이 본국으로 회귀하는 리쇼어링6) 현상이 발생했다.

또한, 빠른 제품수명주기와 제품 출시시기, 높은 소비자 기대수준에 부합하기 위해 제품의 기획, 설계, 생산, 유통, 판매 등 전 과정이 IT기술로 통합되었으며, 최소비용과 시간으로 고객맞춤형 제품 생산을 위해 자동화 및 다품종 생산이 가능한 고객 맞춤형 유연생산체계의 필요성이 대두되었다.

따라서 제조업의 위상강화, 노동 고도화를 통한 양질의 일자리 창출, 고임금 체계 개선, 고령화 사회 대응, 고부가가치 생산을 통한 기업 및 국가 경쟁력 확보, 고급인재 확보 등을 위해 제조업의 혁신적 기술도입이 필요하다.

로봇은 IT, BT, NT 등과 융합되어 미래생활을 획기적으로 변화시킬 파급효과가 높은 산업으로, 기계, 금속, 반도체, 전기ㆍ전자, 컴퓨팅 SW, 센서, 통신ㆍ네트워크 등 다양한 기술을 포함하고 있다.

제조용 로봇은 자동차, 조선 등 대량생산 산업에서 대부분 반복 작업 등에 적용되고 있으며, 현재 중소기업의 다품종 소량 생산 방식에 적합한 로봇수요를 반영한 연구개발이 진행 중이다.

산업형태가 대량생산 시스템에서 다품종 소량생산으로 패러다임이 변화하면서 작업환경이 셀-생산7)방식으로 전환되고 있으나, 현재의 제조용 로봇은 셀-생산 적용에 한계가 있는 것이 사실이다. 현재의 제조용 로봇은 구조적인 문제로 정교한 작업에 한계를 가지고 있고, 단순 반복 작업을 위해 개발되었기 때문에 복잡하고 환경변화가 발생하는 작업현장에 적용하기 어려운 상황이다.

---

6) 리쇼어링(reshoring) : 국외로 생산기지를 옮긴 자국기업이 다시 국내로 들어오는 현상
7) 셀-생산방식 : 소수의 직원이 처음부터 끝까지 여러 가지의 공정을 담당해 완제품을 생산하는 방식

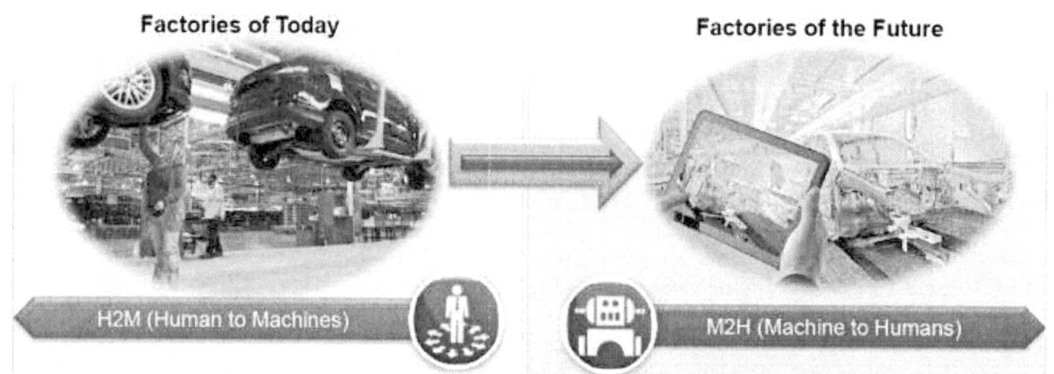

[그림 22] 자동차 제조의 미래

제조용 로봇 분야의 전방산업은 자동차, 조선 등 대형제조업, 컴퓨터, 스마트폰 소형 제조업, 반도체 등 정밀제조업, 제약·바이오산업 등 제조업이 대부분이며, 제조용 로 봇의 후방 산업은 전자부품업, 기계부품업, 금형사출업, 물류, 유통, 항만산업, 금속, 로봇 부품, 반도체, 센서 산업 등이 있다.

후방산업	제조용 로봇 분야	전방산업
로봇부품 및 부분 산업, 금속·기계 산업, 전기·전자 제어장치 산업, 반도체·센서 산업, 컴퓨팅SW 산업, 재료·소재 가공산업	협동 로봇, 이적재용 로봇, 가공용 로봇, 조립용 로봇	용접응용 산업, 디스플레이 산업, 식품·의료 산업, 자동차, 조선 등 대형제조 산업, 컴퓨터, 스마트 폰 소형제조 산업, 정밀제조 산업, 의약, 바이오 산업

[표 7] 제조용 로봇 산업구조

최근 산업용 사물인터넷(IIoT)의 증가로 제조용 로봇 가치사슬의 끝단에 있는 시스템 통합 기업과 부품 제조 기업들이 증가될 것으로 예상된다. 국내 제조용 로봇기업은 606개사로 전체 로봇기업 중 32%를 차지하고 있다.

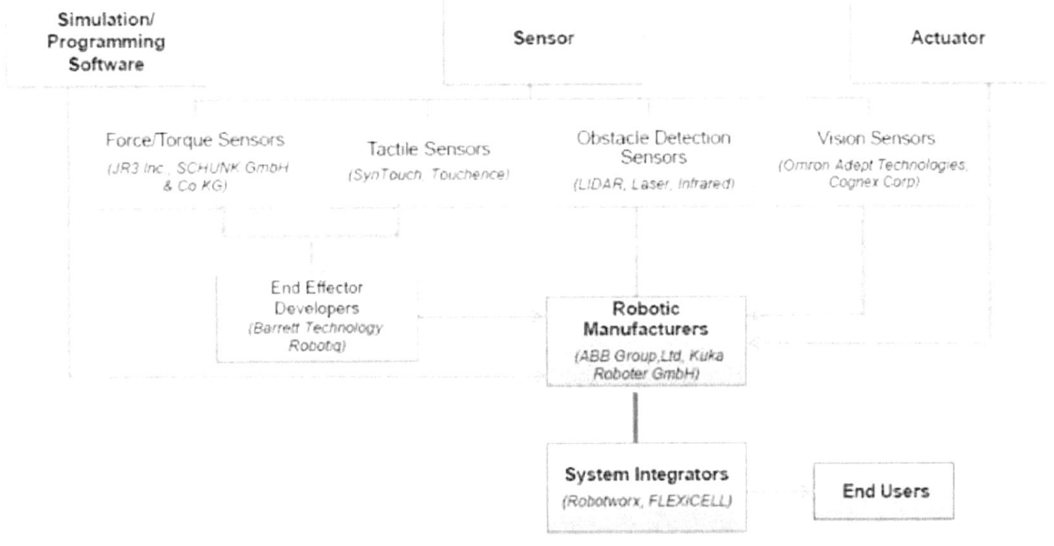

[그림 23] 제조용 로봇의 가치사슬

제조용 로봇 중 최근 가장 많은 관심을 받고 있는 분야는 바로 협동로봇이다. 그렇다면, 도대체 협동로봇은 어떤 것을 가리키는 것일까?

협동로봇은 인간과 로봇이 같은 공간에서 함께 작업하기 위한 협동 운용(Collaborative Operation) 조건을 충족하는 산업용 로봇으로, 사용자의 안전을 고려하기 위해 로봇이 작동하는 동안 로봇의 작업 영역에 인간이 접근하는 것을 다양한 수단을 이용하여 철저히 배제하는 전통적 산업용 로봇과 차이를 보인다.

나. 제조용 로봇 기술 동향[8][9]

제조현장 인력 1만 명당 로봇 보급 대수는 독일과 일본이 각각 301대, 305대이고, 한국은 세계 최고 수준인 531대로 보고되었다. 또한, 로봇산업은 제조업을 중심산업으로 선택한 모든 국가로부터 미래 산업으로 언급되고 있다.

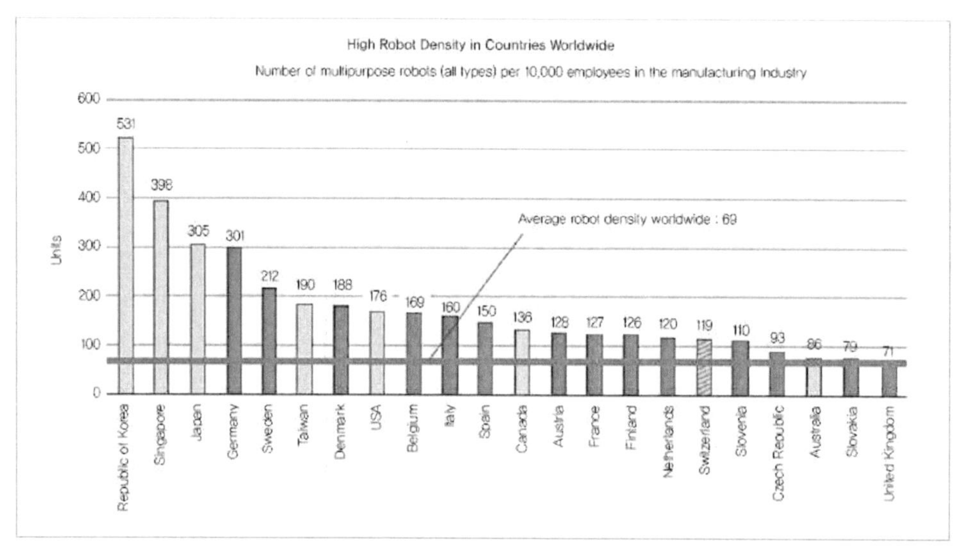

[그림 24] 국가별 제조현장용 고용인구별 로봇보급 현황

국내의 경우 보급된 로봇 구성 형태 중 약 70%가 직교좌표로봇에 기반을 두고 있으며, 다관절 로봇을 생산 보급하는 국내기업은 단 한 개사에 불과하다. 또한 한 곳에서 생산하는 다관절 로봇조차 대부분 국내용과 수출을 포함해도 자사 내 물량에 기반하고 있다는 것이 로봇 선진국의 로봇산업 구성 형태와 차이가 있다.

이러한 국내 상황의 배경에는 국내 산업구조의 특징이 기여한 바가 크다. 직교좌표로봇이나 스카라로봇 등은 초 경량부하인 전기전자 및 반도체 부품산업에 최적화 되어 있고, 다관절로봇은 자동차산업을 중심으로 생산성과 직결되는 용접, 조립, 도장공정이 최대 수요처이다. 그 외 분야로는 공작기계 관련 부분으로 정밀가공, 연마, 디버링 용도에 활용되는데, 국내 제작보다는 대부분 고성능 로봇제품을 도입 운용하는 것이 현실이다.

제조용 로봇과 함께 자주 등장하는 것이 바로 협동로봇이다. 제조용 로봇시스템이건 향후 일반현장에서도 자주 목격하게 될 협동로봇이건 간에 구성방식의 차별성 이외에 동력 및 모션 제어 관점에서는 유사성이 대단히 높다.

---

8) 제조용 로봇 기술 및 시장 동향/&T Market Report
9) [모션&로봇] 제조 및 협동로봇 시장 동향과 국산화 추진 현황/헬로티

제조용은 앞서 설명한 바와 같이 각 용처별 생산성 향상에 초점을 둔 고속 고정밀 처리에 방점이 있다면, 협동로봇은 제조를 포함한 모든 현장에서 사람과의 공존이 목표이므로 충돌안전이나 직접교시와 같은 부분에 방점을 두고 있다.

[그림 25] 제조 로봇과 협동로봇의 특징 비교와 요소 기술 개발 방향

제조용 로봇의 기술개발은 크게 전자산업시장에서의 활성화, 고기능화 및 다양화, 협동로봇으로의 발전으로 나누어 살펴볼 수 있다.

① 전자산업시장에서의 활성화

최근 로봇시장은 자동차 제조용 시장에서, 반도체 및 디스플레이 등에 적용되는 전자부품용 제조 시장으로 이동하고 있으며, 특히, 자동차 산업에 주로 적용되는 용접, 도장, 판넬 핸들링 로봇 중심에서, 솔라셀, 의료 분야, 전자부품 등 주로 조립 및 부분 핸들링 관련 로봇 기술로 변화하고 있다.

또한, 정형화된 대량 양산 생산 체계에서 기술수명주기가 빠른 전자산업의 다품종 소량 생산체계로의 제조업 변화에 따라 로봇의 구조 및 형태가 달라지고 있다.

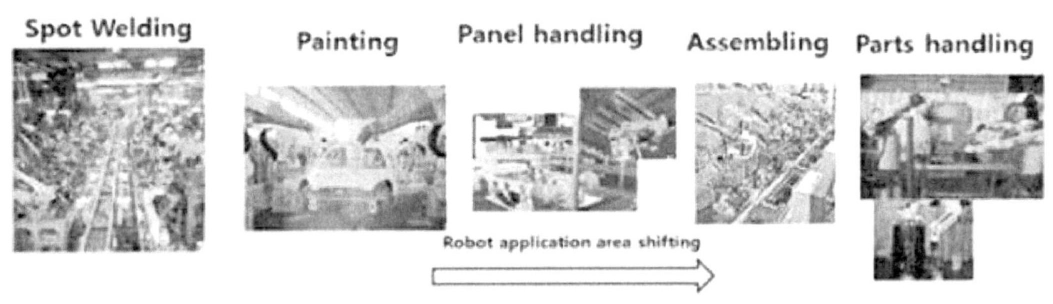

[그림 26] 제조용 로봇의 적용처 변화

② 고기능화 및 다양화

 제조용 로봇은 다품종 소량 생산에 적합하도록 조립 및 부분 핸들링에 다양한 기능을 부과하여 생산효율성을 높이도록 진화 중이다. 특히, 로봇의 작업 변화에 대응할 수 있는 센싱 기술, 다양한 환경에 로봇을 쉽게 적용할 수 있도록 해주는 쉬운 티칭 기술, 다양한 말단장치 및 힘센서 개발에 집중하고 있다.

 ABB, FANUC 등 제조로봇 기업들은 생산성 향상을 위해 고속운전 및 고기능화를 통해 생산성을 확보할 수 있는 다양한 제품을 출시 중이다.

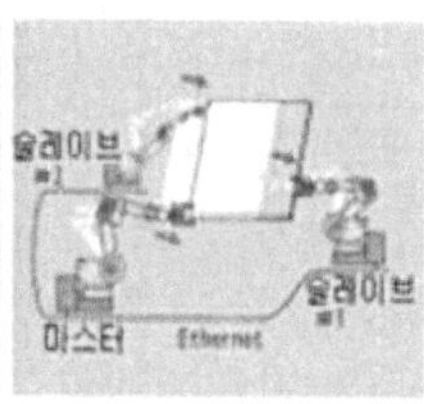

[그림 27] 제조용 로봇의 지능화

③ 협동로봇으로의 발전

 협동로봇이란 산업자동화 분야에 사용되며 자동제어프로그램을 통해 다목적의 3축 또는 그 이상의 축을 가진 제조용 로봇 중에서 인간과 같은 공간에서 작업을 하는 로봇으로, 전자산업의 다양한 소형 IT제품 및 제품 싸이클의 빠른 변화에 따른 다품종 소량생산 수요와 이에 적합한 협동로봇의 수요가 발생하고 있다.

 또한, 자동차 공장 등에서 인간과 로봇의 협동작업이 가능하게 됨으로 인하여 기존에 불가능하였거나 아니면 여러 개의 공정으로 나누어서 하던 작업을 인간과 같은 공간 내에서 작업을 하게 됨으로 쉽게 자동화 설계가 가능해졌다.

 국제표준화기구인 ISO가 제조용 로봇 안전요건에 관한 표준인 'ISO 10218'을 보완하는 'ISO/TS 15066' 규격을 공식 발표하면서, 기존의 Rethink Robotics와 Universal Robots 외에도 많은 제조용 로봇업체들이 협동로봇을 출시하고 있다.

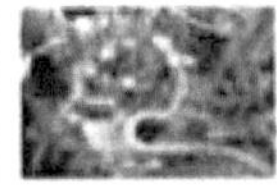

[그림 28] 인간-로봇 협력이 가능한 로봇 기술의 시장 진출 계획

 제조용 로봇이 굳건한 성장성을 보이는 이유는 전 세계적으로 4차 산업혁명, 스마트 공장, Industry 4.0과 같은 제조업의 새로운 혁신의 바람이 불고 있기 때문으로 해석 된다.

 최근 특히 3~4년 사이 인간과 로봇의 공존과 협력 작업을 의미하는 협동 로봇 시장 이 새롭게 부각되고 있다. 따라서 본 보고서에서는 제조용 로봇의 기술 동향을 협동 로봇을 중심으로 살펴보도록 하겠다.

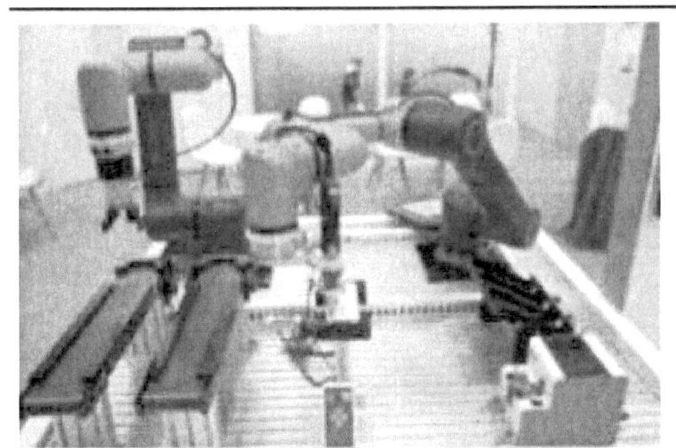

* 출처 :한화정밀기계(2018), NICE평가정보(주) 재구성

[그림 29] 협동로봇 예시

1) 미국

 8년 연속 최고 기록의 산업규모를 갱신하며 전년대비 22% 증가된 2018년 4만 300
대의 제조용 로봇을 설치하여 세계 3위 시장을 확보했다. 또한 미국은 6억 달러 규모
의 첨단제조 파트너쉽(AMP: Advanced Manufacturing Partnership, 2011년)을 발
표하였다. 혁신전략을 구체화하면서, 협동로봇 분야에 지원을 확대하는 중이다. 또한
2017년부터 첨단제조 파트너쉽의 일환으로 '국가로봇계획(NRI: National Robotics
Initiative)'과 차세대 로보틱스 기술개발 등의 국가로봇계획 2.0을 실행하고 있다. 그
외에도 다품종 소량생산이 가능한 셀-생산 방식(소수의 직원이 처음부터 끝까지 여러
가지의 공정을 담당해 완제품을 생산하는 방식) 생산설비 구축을 위해 가변 및 재구
성을 할 수 있는 방식의 조립라인 개발을 진행 중이다.

[그림 30] 협동로봇

 또한, 미국은 '로봇산업 육성정책(National Robotics Initiative)'발표를 통하여, 인간
과 로봇의 상호작용을 강조하고 있으며 차세대 로보틱스 기술개발 등을 목표로 기초
연구부터 개발, 제조, 확산까지 전 주기를 포함하고 있다.

 차세대 로보틱스 연구는 인간의 역량을 확장하거나 강화하면서 인간과 함께 일할 수
있는 협동로봇(Co-Robot)의 개발과 활용에 중점을 두고 있으며 정부 R&D 투자는 지
능형 로봇, 감성기술, SLMA 매니플레이터 등 기초로봇기술에 집중하고 있다.

---

10) 로봇신문사

미국은 전통적으로 산업용 로봇이 시장 수요의 대부분을 차지하고 있었으나, 2006년 이후 서비스 로봇 시장이 급성장하면서 산업용 로봇 시장을 추월하고 있다. 전문 서비스 분야의 로봇이 건설, 물류, 원자력발전, 우주 및 심해탐사 등 다양한 분야에 활용되며, 특히 의료용 로봇이 시장을 주도하였으나, 일반인들이 사용할 수 있도록 디자인된 서비스용 로봇인 바닥청소, 가정용 경비시스템, 장난감, 교육, 장애인 보조 분야에서도 수요확대가 예상된다.

2011년 오바마 행정부는 '첨단제조업 육성정책'의 일환으로 로봇산업 육성정책을 추진하여 차세대 로봇 개발 및 보급을 확대하여 새로운 시장과 일자리 창출을 통해 미국의 경쟁력 발전에 목표로 두었다. 특히, 인간과 협업을 극대화 시킬 수 있는 차세대 로봇 모델인 'Co-Robot' 핵심개발에 7000만 달러를 투자하여 제조업, 항공우주, 보건/의료, 식품 등에 이용했다.

로크웰 오토메이션은 제어 시스템, 모터 컨트롤 및 스마트장비 포트폴리오를 통해 산업 자동화 및 제어 솔루션 제공하며, 2017년 8월, 폭스콘(Foxconn)의 새로운 미국 공장 내 스마트팩토리 시스템 구축을 위해 협력하여 동사의 커넥티드 엔터프라이즈와 산업용 사물인터넷 구현을 결정했다. 스마트팩토리 기술에서 지멘스, 미쓰비시 수준의 기술력을 보유했다는 평이 있다.[11]

2) 일본

일본은 Yaskawa, Nachi, Fanuc, Kawasaki 등 주요 제조업용 로봇기업을 중심으로 기존 제조업 로봇기술 고도화를 추구하면서 셀-생산용 차세대 로봇 생산시스템을 개발 중이다. 일본은 현재 제조로봇 시장의 60% 이상을 차지하고 있으며, 이러한 시장 주도권을 향후에도 계속 이어갈 수 있도록 노력 중이다.

일본은 제조용 로봇의 지능화, 사용편의성, 안전성에 관한 연구에 집중하면서 협동로봇 및 무인화 로봇 공장에 대한 기술개발을 진행 중이며, 최근 로봇기업들은 ICT, AI, 산업자동화 관련 기업과 제휴를 통해 IT화를 급속히 진행하고 있다.

일본은 R&D투자를 센서기술 제어기술, 재료기술 등 기술연구와 휴머노이드를 중심으로 지원하고 있으며, 특히, Honda, Toyota, Fujitsu 등 대기업과 동경대, 와세다대 등 대학에서 폭넓은 연구를 진행 중에 있다.

화낙(FANUC)은 공장자동화(FA), 로봇, 로보머신(ROBOMACHINE), 서비스 부문을 통

---

11) 미래형 제조로봇/NICE평가정보(주)

해 사업을 운영하고 있다. 기존 산업용 로봇으로 유명하며, 다양한 탑재량의 협동 로봇도 제공하고 있다.

로봇과 사출기, 공작기계를 생산하는 일본 화낙이 최근 대형 핸들링 작업을 위한 신형 다관절로봇 'M-1000iA'와 풀 커버를 장착한 가반하중 10kg의 소형 다관절로봇 'LR-10iA/10'을 공개했다.

M-1000iA는 가반하중 1,000kg, 최대 리치 3,253mm의 대형 핸들링 로봇으로, 중형 로봇에 일반적으로 적용되는 평행 링크 기구 대신 시리얼 링크 기구를 적용해 넓은 동작 범위를 실현했다. 또한 평행 링크 기구로 대응하기 힘든 암의 직립이나 로봇 후방으로의 회전이 가능하고 상하 방향 및 전후 방향으로 넓은 동작 범위를 가지고 있다.[12]

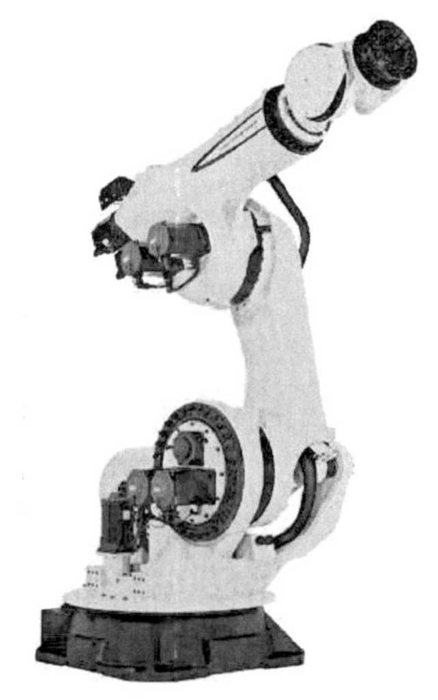

[그림 31] FANUC의 대형 핸들링 로봇 M-1000iA

3) EU

2005년에 설립된 프랑스의 알데바란 로보틱스는 2004년에 EU의 프로젝트를 통해 연구 개발되기 시작한 소형 휴머노이드 로봇인 NAO를 연구용 플랫폼으로 상품화하였다. 이후 지속적인 연구 개발을 통해 소셜 로봇의 하드웨어 플랫폼, 운영체제, SW 개발 체계, 앱스토어등 소셜 로봇 생태계를 최초로 구축했다. 그래픽 인터페이스를 통해 로봇 응용 개발이 가능한 Choreographe라는 도구를 제공하고 있으며, 최근에는 간단한 스크립트 언어를 이용하여 대화 기반 로봇 응용 개발이 가능한 qichat을 선보

12) 일본 화낙(FANUC), 대형 핸들링 및 소형 풀커버 다관절로봇 신제품 2종 출시/로봇기술

였다.

독일의 쿠카는 세계 로봇산업의 선도 기업이자 제조산업 생산 프로세스의 디지털화를 주도, 산업용 로봇 분야 세계 3대 기업으로 유럽 시장점유율 1위를 기록, 전 세계 15%에 이르는 시장점유율을 보유하고 있다. 가반 하중과 작동 범위가 다양한 여러 기종의 산업용 로봇을 제공하고 로봇 주변기기, 소프트웨어, 로봇 컨트롤러를 포함한 로봇, 설비, 시스템 기술, 특히 초소형 전자공학 로봇에 전문적이다.

4) 중국

중국은 제조용 로봇 시장과 관련하여 세계 1위의 내수 시장을 보유하고 있으며, 정부주도의 적극적인 지원으로 제조업 혁신과 로봇산업의 전략적 육성을 추진하고 있다. 로봇을 "중국제조 2025"의 10대 핵심 산업 중 하나로 선정했으며, "Smart Manufacturing" 프로젝트 추진을 통해 제조업 핵심기술·부품의 높은 대외 의존도와 낙후된 생산설비 문제, 에너지 효율 저조 문제를 해결하기 위해 기술개발을 진행하고 있다.

중국의 로봇시장은 글로벌 TOP4 ABB(스위스), Fanuc(일본), Yaskawa(일본) KUKA(독일) 기업이 시장의 약 70% 가까이 차지하고 있으며 최근 중국기업인 Midea 가 KUKA를 인수하였고, Haier, Gree Siasun, Efort, GSK 등은 자체적으로 로봇개발에 주력하는 등 많은 기업이 로봇산업에 집중하고 있어 향후 중국 로봇 기술이 크게 발전할 것으로 전망된다.

중국의 유비테크 로보틱스는 2016년 음성기반 대화, 얼굴 인식, 사진 촬영, 클라우드 기반 번역 기능 등을 갖춘 가정용 휴머노이드 로봇인 알파2를 개발하여 발표하였다. 2016년에는 아마존 알렉사와 연동하여 보다 진화된 인공지능 기능을 제공하는 링스를 발표했다. 선전 메이커웍스 테크놀로지는 두 바퀴로 균형을 잡으면서 달리기, 춤추기, 겨루기 등 동작을 할 수 있는 완구형 로봇 제미니를 개발했다. 로키드사는 음성기반 대화가 가능하고 날씨, 일정 관리 등 비서 기능과 스마트홈 제어가 가능한 탁상형 소셜 로봇인 로키드를 개발했다.

알리바바는 소프트뱅크와 제휴하여 페퍼를 중국에 유통하기로 하고, 링 테크놀로지는 미국의 지보사와 손잡고 2017년 중 지보의 중국어 버전을 중국에 출시할 계획을 밝히는 등 선진 소셜 로봇을 도입하는 데에도 적극적이다.

다. 제조용 로봇 시장동향13)

1) 해외 동향

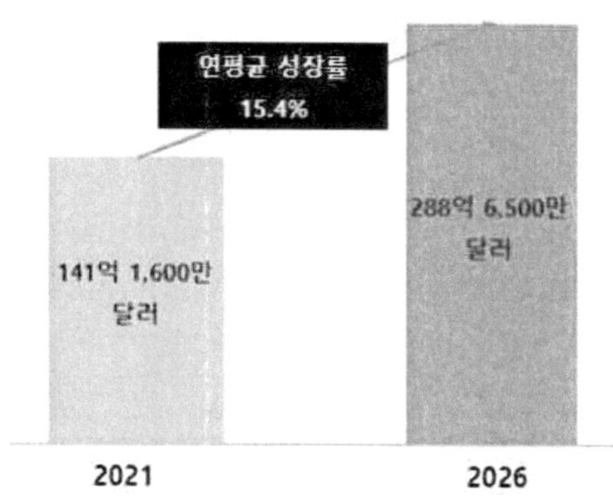

※ 출처 : MarketsandMarkets, Industrial Robotics Market, 2021

[그림 32] 글로벌 산업용 로봇 시장 규모 및 전망

전 세계 산업용 로봇 시장은 2021년 141억 1,600만 달러에서 연평균 성장률 15.4%
로 증가하여, 2026년에는 288억 6,500만 달러에 이를 것으로 전망된다. 전 세계 산
업용 로봇 시장은 유형에 따라 기존 로봇, 협동 로봇으로 분류된다. 기존 로봇은
2021년 129억 200만 달러에서 연평균 성장률 10.9%로 증가하여, 2026년에는 216억
4,800만 달러에 이를 것으로 전망되며, 협동 로봇은 2021년 12억 1,400만 달러에서
연평균 성장률 42.8%로 증가하여, 2026년에는 72억 1,600만 달러에 이를 것으로 전
망된다.

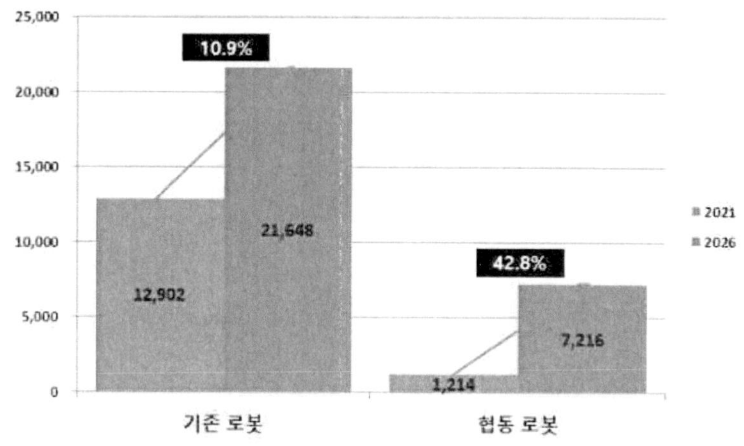

※ 출처 : MarketsandMarkets, Industrial Robotics Market, 2021

[그림 33] 글로벌 산업용 로봇 시장의 유형별 시장 규모 및 전망 (단위: 백만 달러)

---

13) 스마트미디어 부문 협동로봇 도입과 기술 동향, 최재현, IITP

전 세계 산업용 로봇 시장은 제품에 따라 코봇, 원통 좌표 로봇, 병렬 및 델타 로봇, 다관절 로봇, 스카라 로봇, 리니어 로봇으로 분류된다. 코봇은 2019년 4억 3,160만 달러에서 2024년에는 17억 8,300만 달러로 연평균 성장률 32.8%로 가장 많은 성장률로 전망된다. 다관절 로봇은 2019년 71억 2,170만 달러에서 2024년에는 141억 5,690만 달러로 연평균 성장률 14.7%로 증가할 것으로 보이면, 산업용 로봇 시장에서 가장 큰 규모를 지닌다.

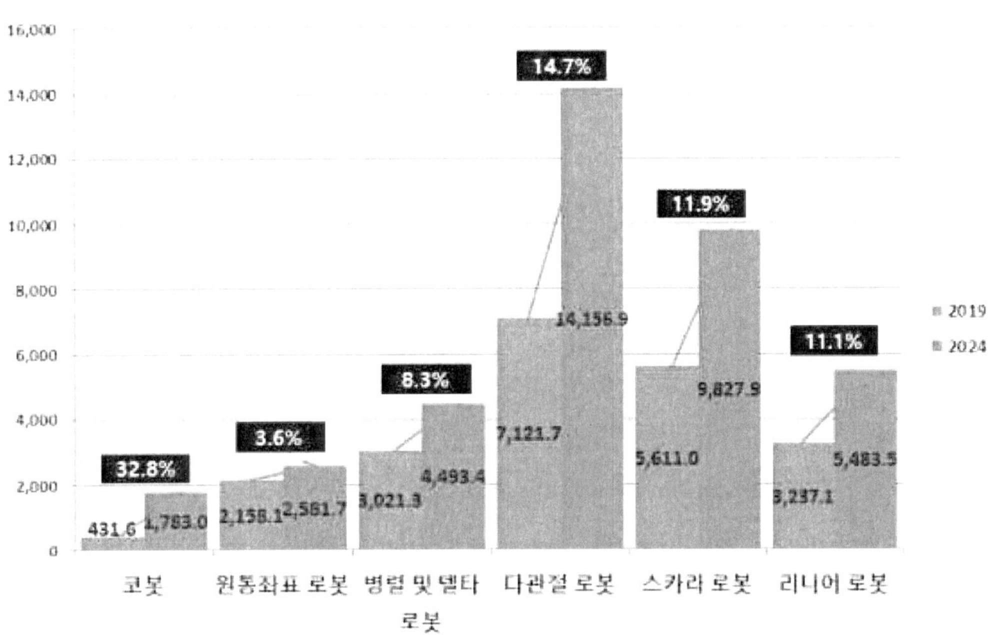

※ 출처 : Frost&Sullivan, Cobots Transforming the Global Industrial Robotics Market, 2020

[그림 34] 글로벌 산업용 로봇 시장의 제품별 시장 규모 및 전망 (단위: 백만 달러)

전 세계 산업용 로봇 시장은 페이로드에 따라 16.00kg 이하, 16.01~60.00kg, 60.01~225.00kg, 225.00kg 초과로 분류된다.

16.00kg 이하는 2021년 79억 4,000만 달러에서 2026년에는 158억 7,500만 달러로 연평균 성장률 14.9%, 16.01~60.00kg은 2021년 31억 5,800만 달러에서 2026년에는 70억 달러로 연평균 성장률 17.3%, 60.01~225.00kg은 2021년 12억 8,200만 달러에서 2026년에는 26억 7,000만 달러로 연평균 성장률 15.8%, 225.00kg 초과는 2021년 17억 3,500만 달러에서 2026년에는 33억 1,900만 달러로 연평균 성장률 13.9%로 증가할 것으로 전망된다.

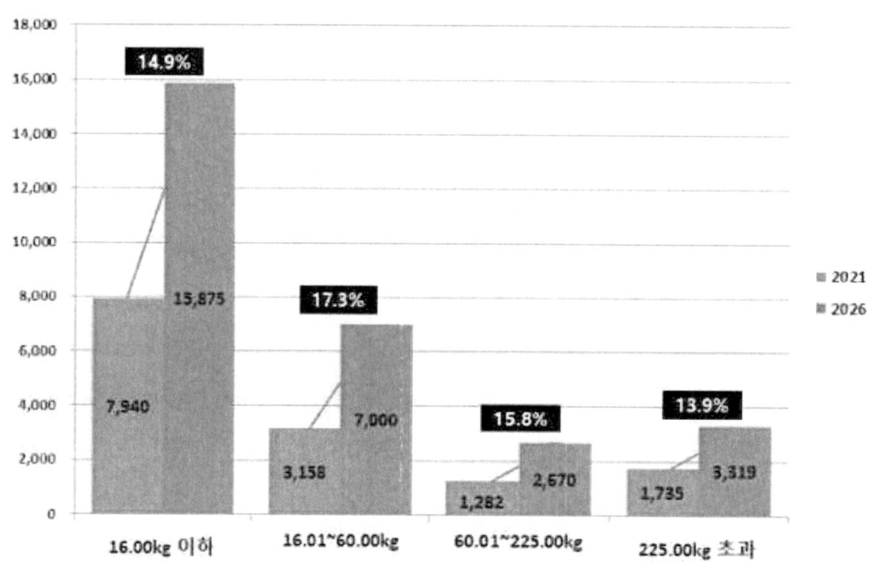

※ 출처 : MarketsandMarkets, Industrial Robotics Market, 2021

[그림 35] 글로벌 산업용 로봇 시장의 페이로드별 시장 규모 및 전망 (단위: 백만 달러)

전 세계 산업용 로봇 시장은 구성요소에 따라 로봇 암, 로봇 액세서리, 추가 하드웨어, 시스템 엔지니어링, 소프트웨어 및 프로그래밍으로 분류된다.

로봇 암은 2021년 129억 200만 달러에서 2026년에는 216억 4,800만 달러로 연평균 성장률 10.9%, 로봇 액세서리는 2021년 120억 4,700만 달러에서 2026년에는 214억 5,800만 달러로 연평균 성장률 12.2%, 추가 하드웨어는 2021년 88억 3,900만 달러에서 2026년에는 132억 8,300만 달러로 연평균 성장률 8.5%, 시스템 엔지니어링은 2021년 37억 5,400만 달러에서 2026년에는 59억 6,000만 달러로 연평균 성장률 9.7%로, 소프트웨어 및 프로그래밍은 2021년 34억 1,100만 달러에서 2026년에는 57억 7,000만 달러로 연평균 성장률 11.1%로 성장할 것으로 전망된다.

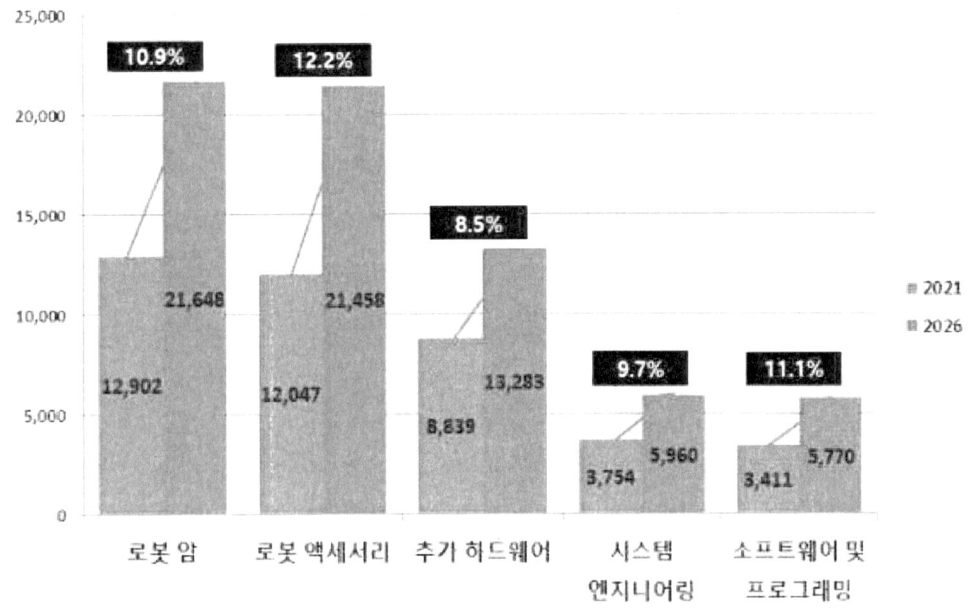

※ 출처 : MarketsandMarkets, Industrial Robotics Market, 2021

[그림 36] 글로벌 산업용 로봇 시장의 구성요소별 시장 규모 및 전망 (단위: 백만 달러)

　전 세계 산업용 로봇 시장은 적용 분야에 따라 핸들링, 용접 및 납땜, 조립 및 분해, 디스펜싱, 가공, 기타로 분류되고, 핸들링은 2021년을 기준으로 47%의 점유율을 차지하였으며, 그 뒤를 용접 및 납땜이 20%, 조립 및 분해가 14%, 디스펜싱이 4%, 가공이 3%, 기타가 12%로 뒤따르고 있다.

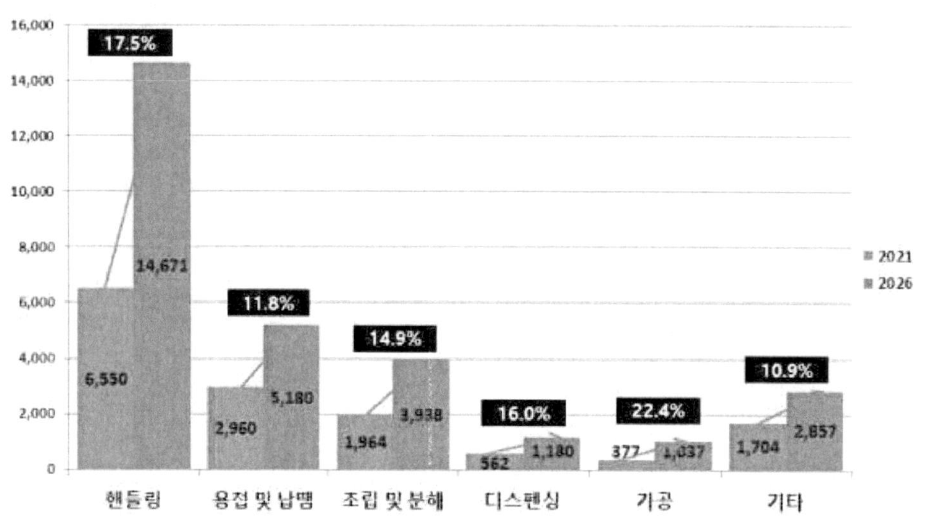

※ 출처 : MarketsandMarkets, Industrial Robotics Market, 2021

[그림 37] 글로벌 산업용 로봇 시장의 적용 분야별 시장 규모 및 전망 (단위: 백만 달러)

전 세계 산업용 로봇 시장은 산업에 따라 자동차, 전기 및 전자, 금속 및 기계, 플라스틱·고무·화학제품, 식품 및 음료, 정밀 공학 및 광학, 의약품 및 화장품, 기타로 분류된다.

식품 및 음료는 2021년 4억 6,500만 달러에서 2026년에는 25억 6,600만 달러로 연평균 성장률 22.7%로 가장 큰 성장을 보일 것으로 전망된다. 그 다음으로 의약품 및 화장품은 2021년 2억 8,500만 달러에서 2026년에는 7억 1,300만 달러로 연평균 성장률20.1%의 성장을 보일 것으로 전망된다.

시장 규모가 가장 큰 자동차는 2021년 42억 6,700만 달러에서 2026년에는 83억 9,300만 달러로, 연평균 성장률 14.5%로 증가할 것으로 전망된다. 두 번째로 시장 규모가 큰 전기 및 전자는 2021년 33억 8,400만 달러에서 2026년에는 68억 6,600만 달러로 연평균 성장률 15.2%로 증가할 것으로 전망된다.

금속 및 기계는 2021년 22억 2,700만 달러에서 2026년에는 47억 3,700만 달러로 연평균 성장률 16.3%, 플라스틱·고무·화학제품은 2021년 10억 8,900만 달러에서 2026년에는 25억 6,600만 달러로 연평균 성장률 18.7%, 정밀 공학 및 광학은 2021년 3억 8,400만 달러에서 2026년에는 9억 2,200만 달러로 연평균 성장률19.1%, 기타는 2021년 20억 1,400만 달러에서 2026년에는 33억 7,700만 달러로 연평균 성장률 10.9%로 증가할 것으로 전망된다.

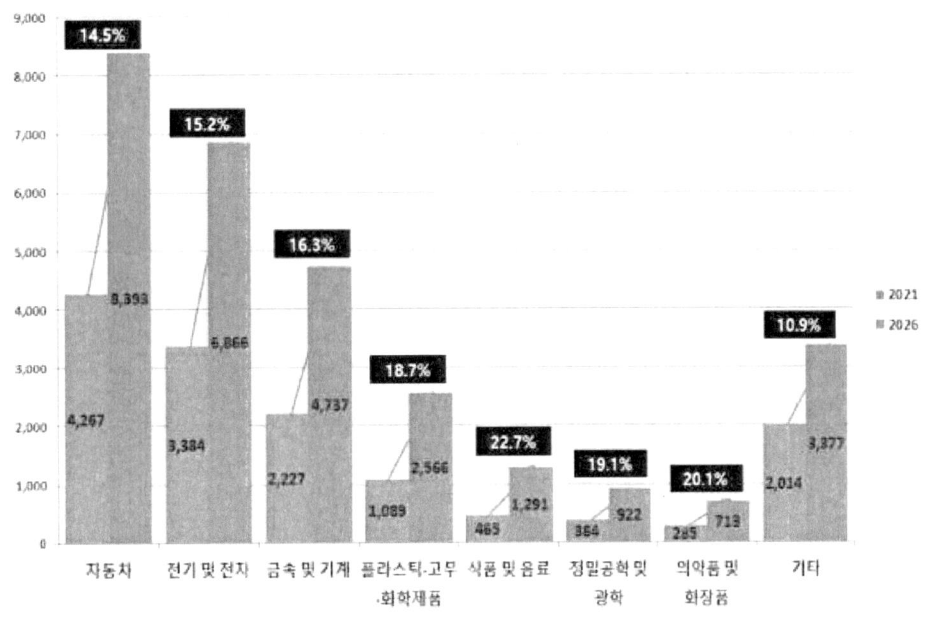

※ 출처 : MarketsandMarkets, Industrial Robotics Market, 2021

[그림 38] 글로벌 산업용 로봇 시장의 산업별 시장 규모 및 전망 (단위: 백만 달러)

전 세계 산업용 로봇 시장을 지역별로 살펴보면, 북아메리카, 라틴아메리카, 유럽-중동-아프리카, 아시아-태평양으로 분류된다.

아메리카 지역은 2019년 38억 1,980만 달러에서 연평균 성장률 10.1%로 증가하여, 2024년에는 61억 9,310만 달러에 이를 것으로 전망되며, 라틴아메리카 지역은 2019년 6억 6,900만 달러에서 연평균 성장률 5.3%로 증가하여, 2024년에는 8억 6,550만 달러에 이를 것으로 전망된다.

유럽-중동-아프리카 지역은 2019년 41억 40만 달러에서 연평균 성장률 8.6%로 증가하여, 2024년에는 61억 8,230만 달러에 이를 것으로 전망되며, 아시아-태평양 지역은 2019년 129억 9,170만 달러에서 연평균 성장률 14.1%로 증가하여, 2024년에는 250억 8,550만 달러에 이를 것으로 전망된다.[14]

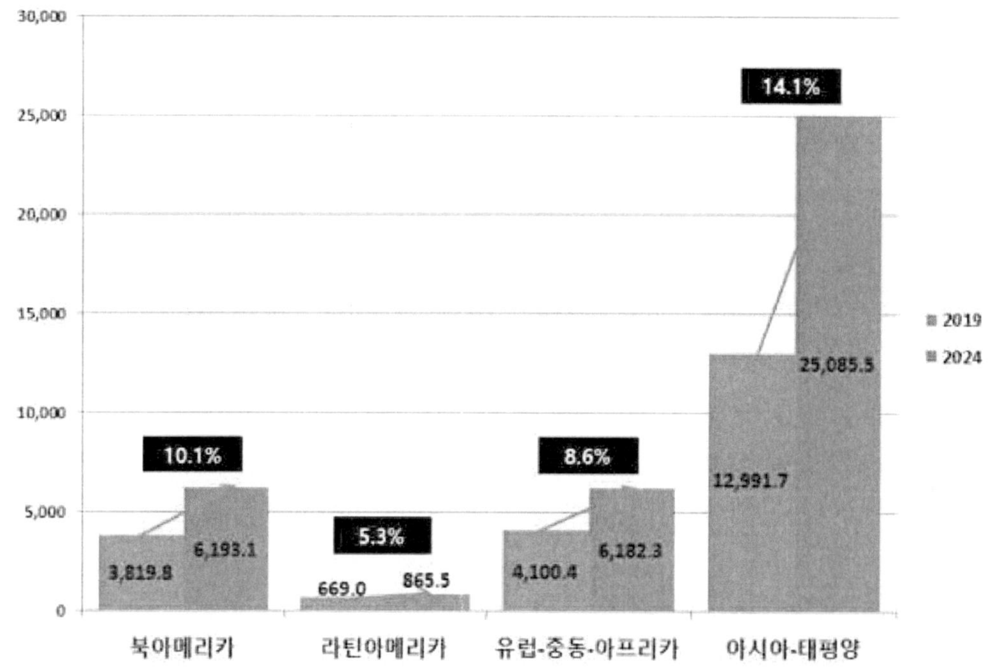

※ 출처 : Frost&Sullivan, Cobots Transforming the Global Industrial Robotics Market, 2020

[그림 39] 글로벌 산업용 로봇 시장의 지역별 시장 규모 및 전망 (단위: 백만 달러)

---

14) 산업용로봇시장/연구개발트구진흥재단

전 세계 산업용 로봇 시장 중 기존 산업용 로봇의 주요 기업은 FANUC(일본), ABB (스위스), YASKAWA(일본), KUKA(독일), Mitsubishi(일본) 등이 있다.

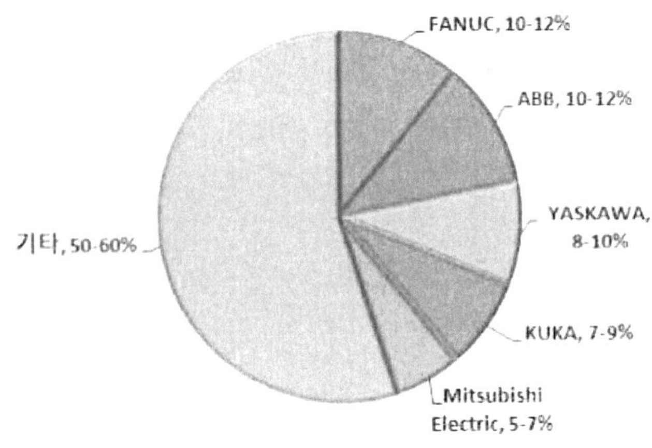

※ 출처 : MarketsandMarkets, Industrial Robotics Market, 2021

[그림 40] 글로벌 산업용 로봇 시장의 기존 산업용 로봇 주요 기업 점유율

전 세계 산업용 로봇 시장 중 협동 로봇의 주요 기업은 Universal Robots(덴마크), FANUC(일본), ABB(스위스), Techman Robot(대만), KUKA(독일) 등이 있다.

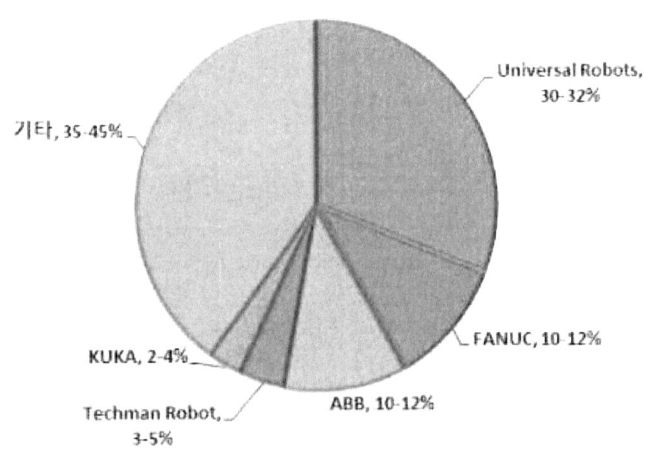

※ 출처 : MarketsandMarkets, Industrial Robotics Market, 2021

[그림 41] 글로벌 산업용 로봇 시장의 협동 로봇 주요 기업 점유율

2) 국내 동향

우리나라의 산업용 로봇 시장 중 기존 로봇은 2021년 2만 7,615대에서 연평균 성장률 13.3%로 증가하여, 2026년에는 5만 1,512대에 이를 것으로 전망된다.

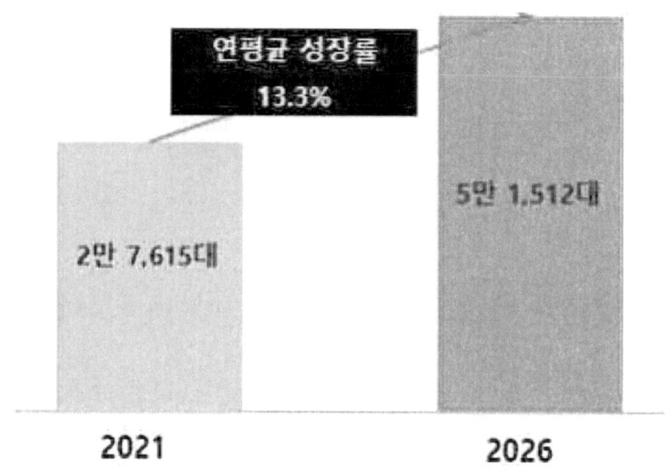

※ 출처 : MarketsandMarkets, Industrial Robotics Market, 2021

[그림 42] 국내 산업용 로봇 시장 중 기존 로봇의 시장 규모 및 전망

우리나라의 산업용 로봇 시장 중 협동 로봇은 2021년 1,921대에서 연평균 성장률 49.0%로 증가하여, 2026년에는 1만 4,115대에 이를 것으로 전망된다.

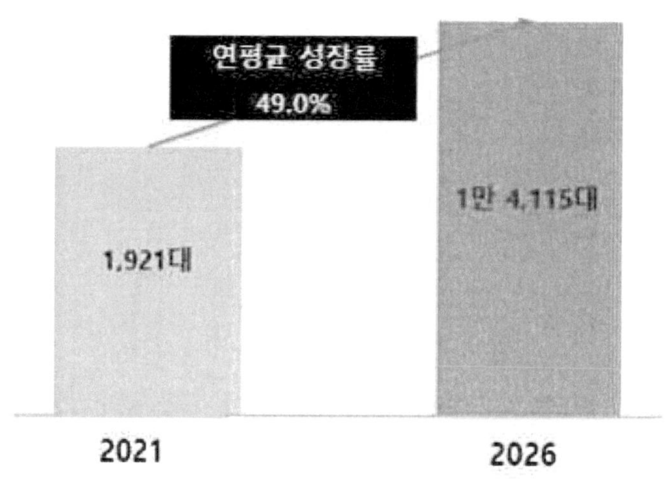

※ 출처 : MarketsandMarkets, Industrial Robotics Market, 2021

[그림 43] 국내 산업용 로봇 시장 중 협동 로봇의 시장 규모 및 전망

04. 물류 로봇

4. 물류 로봇[15][16]

가. 물류 로봇 개요

물류 로봇은 물류센터, 공장 등에서 IoT 기술과 자율주행 등 로봇 기술 및 학습을 통한 환경·상황인식, 스케쥴링 등 인공지능 기술의 융합을 통한 물류 효율 향상을 목적으로 하는 로봇시스템으로 물품의 포장·분류·적재 및 이송과정에 주로 활용된다. 물류로봇은 물류센터, 공장물류, 병원·요양원·호텔 등 대형 건물에서의 물류이송, 재고관리 등에 적용될 수 있다. 현재 구글, 아마존, DHL 등 세계적 기업들이 물류혁신을 위한 로봇 기술을 도입하고 있으며, 물류 효율이 각국의 산업 경쟁력을 좌우하는 등 물류 산업이 미래핵심 산업으로 등장하고 있어 중요성이 대두되고 있다.

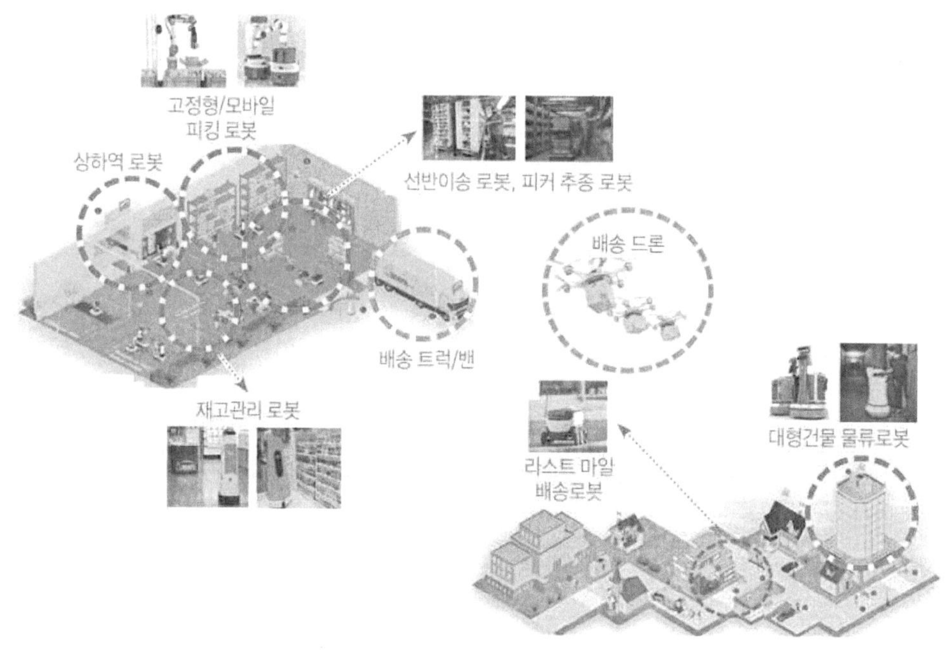

[그림 45] 물류 로봇의 유형

현재 시장에 진출한 물류로봇들은 주로 물건을 운반하는 기능에 집중하고 물건을 집어서 포장하거나 선별하는 것은 사람이 하는 등 협력 작업을 통해 시장을 확대하고 있다. 대표적인 물류 로봇으로 아마존의 키바시스템즈 로봇을 들 수 있는데, 이는 전문용어로는 오더 피킹(Order Picking)용 로봇이라고 하여 주문에 맞는 물품을 창고 내에서 이동시키는 기능을 갖고 있다.

---

15) 제조와 전문서비스의 경계를 허무는 물류로봇, 황정훈, 전자부품연구원
16) 물류로봇 기술동향 및 향후전망, KEIT PD Issue Report

아마존의 방식은 물품이 사람에게 오게 하는 방식으로 높은 효율성을 추구하는 방식이다. 오더 피킹용 로봇에는 키바시스템즈의 로봇 외에도 미국의 6리버 시스템즈(6 River Systems), 로커스 로보틱스(Locus Robotics), 페치 로보틱스(Fetch Robotics) 등에서 관련 로봇을 출시하였다. 이 로봇들은 아마존의 키바시스템즈 로봇과는 다르게 작업자들이 로봇과 함께 이동하며 로봇에 탑재된 화면을 통해 오더를 확인하고, 물품을 집어서 로봇에 싣고 로봇은 선별된 물품들을 이송하는 방식을 사용하고 있다.

미국과 유사한 물류환경을 갖고 있는 중국의 대표적 전자상거래 업체인 알리바바(Alibaba)도 아마존의 키바시스템즈 로봇과 유사한 물류로봇을 물류창고에 적용하고 있다. 국내에서는 CJ대한통운이 국내 환경에 적합한 오더 피킹용 물류로봇을 개발하여 2018년 물류센터 적용을 앞두고 있다.

병원에서도 유사한 시스템이 도입되고 있다. 주로 의약품, 검체 등의 소형물과 식사 등의 중형 물품 이송을 위해 사용되는 병원용 물류로봇은 미국 아테온(ATHEON) 사의 TUG, 일본 파나소닉(Panasonic)의 HOSPI-R 등이 있으며, 우리나라에서는 유진로봇이 스스로 엘리베이터 탑승까지도 가능한 고카트(GoCart)를 개발하여 국내외에서 본격적인 상용화를 앞두고 있다.

호텔에서 활용되는 물류로봇도 시장에 등장하였다. ROS로 유명한 윌로우 개러지(Willow Garage) 출신의 스콧하산이 설립한 미국 사비오크(Savioke) 사는 야간에 룸서비스가 취약한 점에 착안하여 세계 최초의 호텔 룸서비스 로봇을 개발, 상용화하였으며 미국의 크라운 플라자 호텔, 일본의 시나가와 프린스 호텔 등에서 실제로 서비스하고 있다.

물류로봇은 실외에서도 활용되고 있다. 세계적 피자 레스토랑 체인업체인 도미노 피자는 2017년 독일에서 로봇을 통한 피자배달 서비스를 정식으로 도입하였다. 스타쉽 테크놀로지스(Starship Technologies) 사에서 개발한 이 물류로봇은 신선도 유지를 위한 온도조절 기능과 함께 센서를 통해 장애물과 보행자를 감지하여 안전한 이동이 가능하다.

물류로봇의 다음 적용 분야는 물류 배송 전면에서의 활용이라 할 수 있다. 앞서 아마존의 로봇 도입은 물류창고의 부분 자동화에 해당하고, 도미노 피자의 로봇 피자 배달 서비스는 라스트 마일 딜리버리(Last Mile Delivery)에 해당한다. 이처럼 물류로봇은 아직까지는 물류 배송에 있어서 부분적으로만 사용되고 있다. 그러나 DHL, UPS 등은 이미 물류 전반에서 로봇을 이용한 물류배송 고도화 계획을 내놓고 있다.

앞서 물류창고 내 오더 피킹 로봇과 로봇 자율주행 기술이 반영된 자율이송 트럭, 그리고 라스트 마일 딜리버리에 이르기까지의 전 과정에 로봇기술을 도입하는 것이다. 여기에 부족한 부분이 로봇이 직접 물품을 집어서 담는 로보틱 피킹이다. 이는 아직까지 기술적으로 완성도가 부족한 부분으로, 아마존에서는 해당 기술 확보를 위하여 2015년부터 아마존 피킹 챌린지(Amazon Picking Challenge)라는 대회를 개최하여 세계 최고 수준의 로보틱 피킹 기술을 탐색한 바도 있다. 물론 현재의 로보틱 피킹 기술이 전혀 쓸모없는 수준은 아니다. 독일의 매가지노(Magazino) 사는 선반에 있는 물체를 피킹 할 수 있는 모바일 피킹로봇 토루(Toru)를 상용화하였다.

다만 아마존 피킹 챌린지 등에서와 같이 유연물 등을 포함하거나 여러 가지 물체가 혼재되어 있는 것은 아니고 선반 위의 책, 신발 박스 등 비교적 정형화된 물품을 대상으로 하고 있다. 그럼에도 불구하고 벌써 DHL 등에서 해당 로봇의 활용을 적극적으로 테스트하고 있다고 한다.

이처럼 로봇이 물품을 직접 핸들링 할 수 있게 된다면, 물류 전반에 있어서 완전 로봇화가 이루어질 수 있게 된다. 또 한 가지 기술적 진보가 필요한 부분은 물류창고, 공장과 같이 로봇을 위해 환경을 개선할 수 있는 분야와 달리 다수의 사람들이 존재하는 일상 공간에서의 이동 기술이다.

특히 각종 도어, 엘리베이터와 크고 작은 장애물이 존재하고 끊임없이 사람들이 이동하는 환경에서의 물류로봇은 이동 성능뿐만 아니라 대인·대환경 안전성 등이 추가로 요구된다. 이동 기술이 안전과 성능 측면에서 좀 더 완전해 지면, 마트, 공항 등에서 사람들은 더 이상 카트를 끌고 다니지 않아도 될 것이다. 대신 마치 강아지가 주인을 쫓아다니듯 카트가 사람을 따라다니는 것도 가능해진다.

산업적으로 확장이 필요한 부분도 있다. 현재는 프로토타입 수준이나 향후 적극적인 도입이 기대되는 분야로 대형마켓, 소매점, 물류센터 등의 재고 파악, 관리 등을 할 수 있는 재고 관리 로봇 등이 그것이다. 특히 현재의 프로토타입은 단순 재고파악 수준이나 앞서의 로보틱 피킹 기술 등이 완성된다면, 물리적인 재고관리도 가능할 것으로 기대되고 있다.

물류로봇의 시작은 공장에서 라인 간, 라인과 공장 물류창고 간 작업물을 배송하던 AGV에서 시작했다고 볼 수 있다. 그러나 기술의 발전에 따라 물류로봇은 공장을 벗어나 물류창고, 병원, 호텔, 대형마켓에 이르기까지 다양한 환경으로 그 적용 분야가 확대되고 있다. 이러한 특성으로 인해 물류로봇은 제조용 로봇과 서비스용 로봇의 경계를 모호하게 하는 대표적인 로봇이기도 하다. 그리고 이러한 확장성이 물류로봇의 성장을 기대하게 하는 요인이다.

 실제로 많은 시장 전망 자료에서 물류로봇은 제조로봇을 이어 가장 큰 로봇시장을 이룰 것으로 전망되는 분야이기도 하다. 우리나라는 제조로봇 활용 강국이지만, 제조로봇기술의 강국은 아니다. 여러 가지 이유가 있겠지만 가장 큰 이유는 이미 일본과 유럽의 업체들이 시장을 선점하고 기술장벽을 쌓았기 때문이라고 생각한다.

 물류로봇은 아직까지는 기술적, 산업적으로 완전히 성숙하지 않은 시장으로 우리에게도 기회가 있을 것으로 생각되는 분야이다. 또한 물류로봇은 로봇의 대표적 기능인 이동 기능과 조작 기능이 모두 필요한 분야로 제조 및 서비스 분야로의 기술적, 산업적 파급효과가 막대한 분야이기도 하다.

As is	To be
사람과 협업한 오더 피킹	로봇 단독의 오더 피킹
정형화된 물품/환경에서의 피킹	유연물 등 대부분의 물품/비정형 환경에서의 피킹
평탄한 실내 등 이동가능 환경의 제약	엘리베이터, 자동문, 경사로 등 대부분의 거주 환경에서 이동 가능
로봇 외 연동 부족	스마트빌딩/스마트홈과의 연동
근거리 실외 시범 배송	중단거리 실외 배송(현 배달시스템 대체)
물류창고 내 등 제한적 물류 자동화	물류 전 단계의 무인화/자동화

[표 8] 물류로봇 기술 전망

나. 물류 로봇 기술 동향

물류로봇의 사업화는 크게 공장/물류센터 물류로봇과 병원, 요양원 등 대형건물 물류로봇 제품으로 추진 중이다. 2015년 기준 아시아 태평양(40.5%), 유럽(32.2%), 북미(24.7%)의 순으로 시장 규모를 형성하고 있으며 전세계적으로 고른 성장세가 예상되나, 물류로봇의 생산지 비중은 북미(81.1%), 아시아 태평양(10.7%), 유럽(8.1%) 순으로 북미 편중 현상이 심한 편이다.

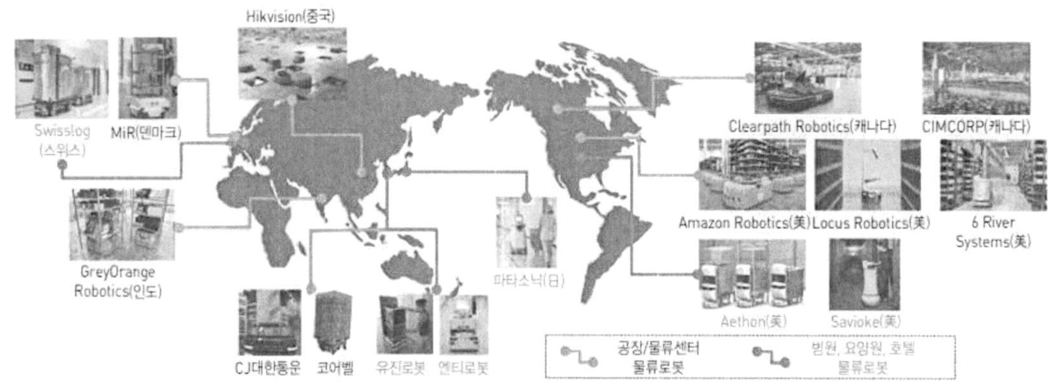

[그림 46] 물류로봇 제품 개발 및 사업화 동향 요약

1) 해외 동향

가) 물류센터/공장물류 로봇

대부분의 기업은 물류센터 적용을 우선 목표로 제품을 개발하고 있으며, 고객은 유통/전자상거래/대형마트, 반도체/전자/자동차/항공, 가구업체 등이며, 주로 오더 피킹[17])의 목적으로 사용하고, HikVision의 경우 택배 분류 작업에 활용하고 있다. 최근 물류센터와 공장물류 로봇은 자율주행, 피커 추종, 다중로봇 운영 최적화, WMS (Warehouse Management System) 연동 기능이 개발되었다.

---

17) 고객의 주문에 따라 물품을 보관 장소에서 찾아내어 각 배송처별로 분류하고 정리하는 것. 로봇이 피킹 작업자(피커) 앞으로 이동하면 피커가 로봇의 바구니에 주문한 물품을 담고 로봇이 다음 목적지로 이동하는 형태이거나, 물류로봇이 피커의 뒤를 따라서 이동하면 피커가 로봇에 물품을 담는 형태 등으로 응용됨. 로봇 적용 전에는 사람이 카트를 끌고 이동하면서 주문 물품을 보관장소에서 찾아서 직접 담는 수작업 형태가 가장 일반적인 형태임 (물류센터 작업의 80%가 수작업 형태로 운영)

기업(국가)	주요 특징
아마존 로보틱스(미국) 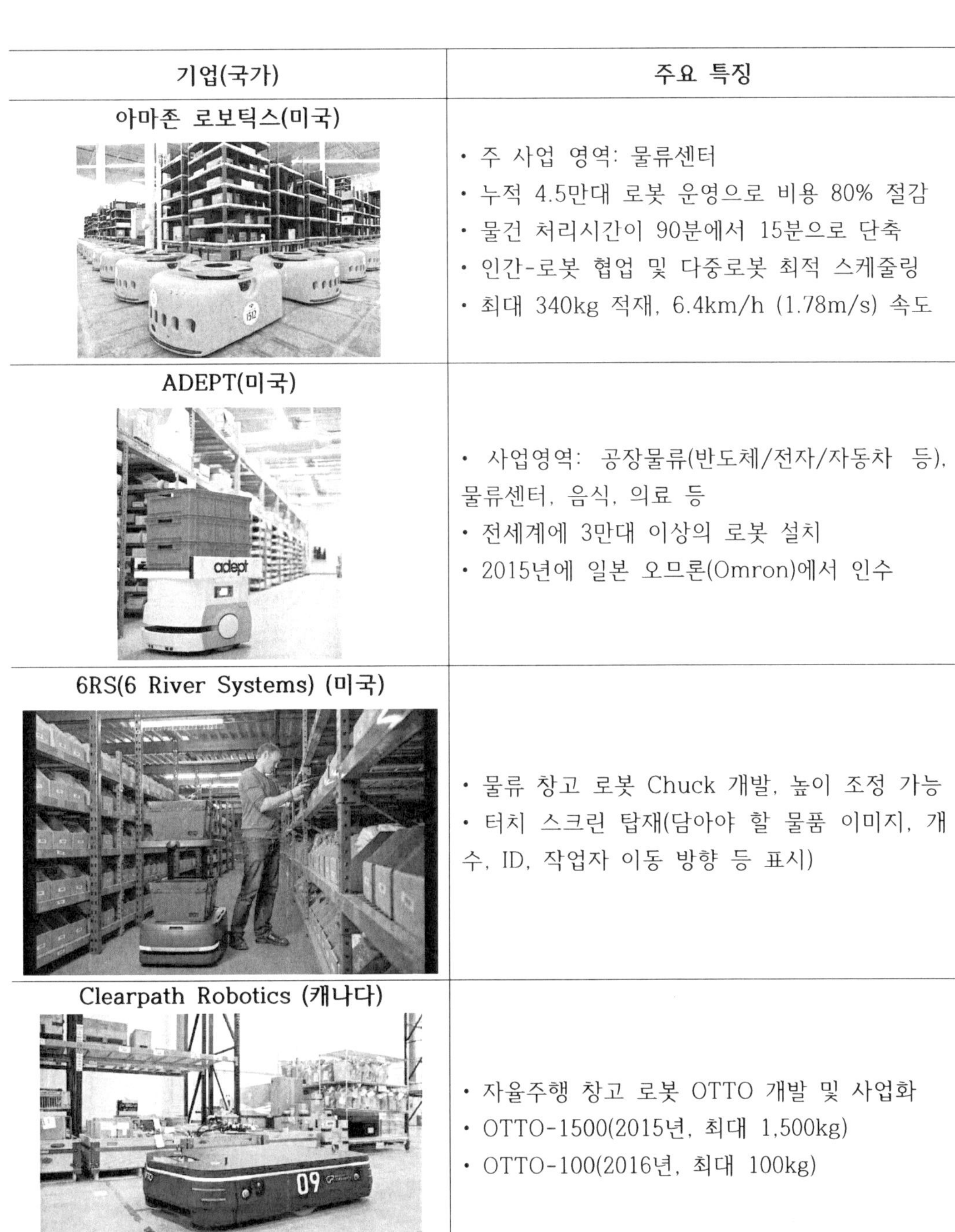	• 주 사업 영역: 물류센터 • 누적 4.5만대 로봇 운영으로 비용 80% 절감 • 물건 처리시간이 90분에서 15분으로 단축 • 인간-로봇 협업 및 다중로봇 최적 스케줄링 • 최대 340kg 적재, 6.4km/h (1.78m/s) 속도
ADEPT(미국)	• 사업영역: 공장물류(반도체/전자/자동차 등), 물류센터, 음식, 의료 등 • 전세계에 3만대 이상의 로봇 설치 • 2015년에 일본 오므론(Omron)에서 인수
6RS(6 River Systems) (미국)	• 물류 창고 로봇 Chuck 개발, 높이 조정 가능 • 터치 스크린 탑재(담아야 할 물품 이미지, 개수, ID, 작업자 이동 방향 등 표시)
Clearpath Robotics (캐나다)	• 자율주행 창고 로봇 OTTO 개발 및 사업화 • OTTO-1500(2015년, 최대 1,500kg) • OTTO-100(2016년, 최대 100kg)

[표 9] 물류센터/공장물류 로봇 기술 동향

기업(국가)	주요 특징
CIMCORP (캐나다) 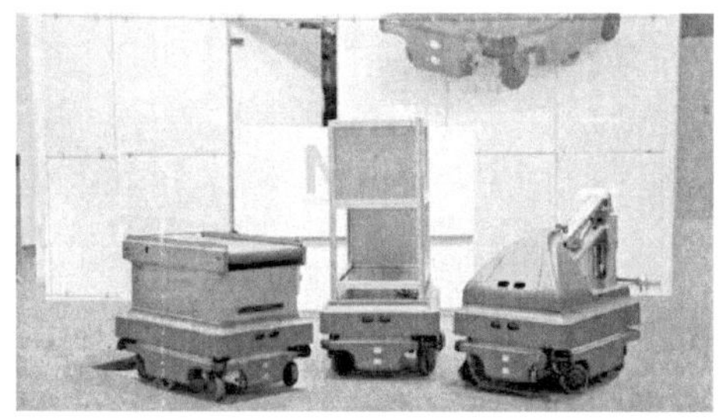	• 천정 레일을 통해 상하좌우로 이동하는 물류 자동화 시스템으로 일종의 AS/RS (Automated Storage and Retrieval System) 시스템 • 주요고객: 화장품, 식음료, 타이어 기업 • 국내 도입 기업: 서울우유, 남양 등
Mobile Industrial Robots (덴마크) 	• MiR100: 최대 100kg, 운영 10시간, 1.5m/s, 산업/물류/의료분야에서 소량 물품 실내 배송 • 주요고객: 에어버스, 보잉, 하니웰, 미쉐린, P&G, 토요타, 월마트 등 30개국 글로벌 기업 • MiR200: 최대 200kg, 정전기 방전(ESD) 규격 외장으로 전자조립 응용에 적합
GreyOrange Robotics (인도) 	• 인도 물류 자동화 시장의 90% 점유 • 이송로봇 버틀러(Butler): 400-500개/시간 • 물품 분류(Sorter) 로봇: 300만개/일 • 일본 최대 가구 체인에 버틀러 공급
Hikvision (중국)	• HIKRobot: 5kg, 3m/s, 8시간/1.5시간 충전 • 중국 물류회사 신통택배(STO Express, 중국 택배 1위)에 적용, 하루 20만개 소포 처리 • 택배 분류 작업을 로봇이 처리

[표 10] 물류센터/공장물류 로봇 기술 동향

나) 피킹(Picking) 기능을 가진 물류로봇

현재 로봇이 직접 물품을 집어서 담는 피킹 기능은 프로토타입 개발 및 시범 적용 단계다. 해당 물류로봇은 피킹 로봇과 이송 로봇이 쌍으로 구성되어 온라인 주문시 주문 물품을 피킹 로봇이 피킹하여 이송 로봇이 포장대까지 운반하는 역할을 한다.

본 로봇은 로봇이 직접 물건을 피킹하기 때문에 기존 창고환경에 변화를 최소화하면서 도입하여 24시간 운용이 가능하고, AS/RS(Automated Storage and Retrieval System)와 같은 자동화 창고, DPS(Digital Picking System), 컨베이어 등을 도입하는 것에 비해 저렴하다. 또한 순차적 도입이 가능하여 중소규모의 유통업체에도 적합하다.

기업(국가)	주요 특징
Fetch Robotics (미국) 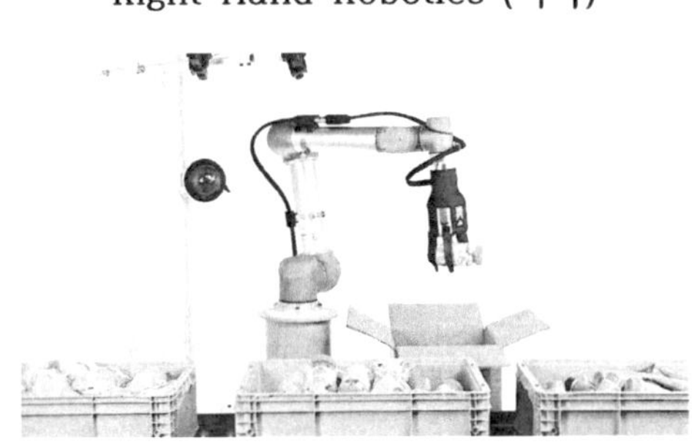	• 피킹로봇 Fetch, 이송로봇 Freight(최대 68kg) Freight500, Freight1500 (숫자: 적재 용량) • 주문 접수시 Fetch와 Freight가 창고에서 해당 물건을 바구니에 넣어 포장대까지 운반 • 다중로봇 관리 SW: Fetchcore
InVia Robotics (미국)	• 피킹로봇 GrabIt, 이송로봇 TransIt • GrabIt: Suction 방식, 14kg • RaaS(Robot as a Service) 도입: 10센트/피킹 • 고객: 온라인 사무용품 판매업체 LD Products Inc.
Right Hand Robotics (미국)	• Havard, Yale, MIT 연구자들이 공동 개발 • 사람과 비슷한 시간당 500~600개의 아이템을 집을 수 있는 RightPick 기술 • 플라스틱으로 포장된 물건, 다른 물건에 의해 부분적으로 가려진 물건을 인식하는 문제 해결

[표 11] 피킹기능을 가진 물류로봇 기술 동향

다) 물류이송 로봇

병원·요양원을 중심으로 소형(의약품/검체), 중대형(식사/린넨) 물품이송 중심으로 사업화가 되었으며, 시장이 확대되고 있는 중이다. 호텔에서는 Savioke가 Relay 로봇으로 초기 시장 개척 중이다. 대형건물에서의 물류이송 로봇에는 자동문, 엘리베이터 연동 기능이 필요하며, 여러 사람들이 함께하는 공간에서 운영되어 중저속으로 이동하는 것이 특징이다.

기업(국가)	주요 특징
AETHON (미국)	• 병원에서 의약품, 검체, 식사, 린넨 등의 배송을 주목적으로 하는 로봇 TUG • 최대 450kg, 10시간 • 미국/유럽/호주 등 전세계 150개 이상 병원에서 500대 이상 로봇 운영(2013년) • 자동문 연동, 엘리베이터를 이용한 층간 이동
Swisslog (스위스)	• 병원물류로봇 TransCar(고중량 물품, AGV), RoboCourier(실험실 표본, 의약품 등 운반) 개발 및 사업화
Savioke (미국)	• 호텔 등에서 스낵, 타월 등 각종 서비스 용품을 배달하는 로봇 Relay 개발 • 미국 내 호텔에서 30대 이상이 사용 중
파나소닉 (일본)	• 병원내 의약품 및 기타 용품 운반용 로봇 HOSPI-R 개발 • 로봇 무게 170kg, 연속 운영 시간 9시간, 최대 20kg 적재,1.0m/s 속도

[표 12] 물류이송로봇 기술 동향

라) 라스트 마일 배송 로봇

일부 해외 스타트업 및 드론 업체를 중심으로 최종 소비자에게 음식을 배송하는 서비스 중심으로 제품을 테스트하는 단계로, 국토가 넓은 해외에서 제품 테스트가 진행되고 있으나 아파트 중심의 국내에서는 업체들이 많은 관심을 가지지는 않고 있다.

기업(국가)	주요 특징
Starship Technologies (미국)	• 보행로를 따라 이동하는 실외 배송 로봇 • 최대 9kg, 5-30분 거리 배송 • 제품 테스트 단계
Dispatch (미국)	• 실외 배달용 로봇 Carry, 최대 45kg • 보행로, 산책로, 자전거 도로 등으로 이동
Marathon Targets(호주)	• 피자 배달로봇 프로토타입 DRU(Domono's Robotic Unit) • 도미노 피자와 호주 스타트업 Marathon Targets가 공동 개발

[표 13] 라스트 마일 배송 로봇 기술 동향

마) 재고관리 로봇

물류센터 또는 대형 마켓, 소매점에서 재고 파악 중심의 관리를 위해 개발되고 있으며, 현재 제품 테스트 단계로 독일 Magazino의 경우 물류센터에서 재고 파악 뿐 아니라 재고 관리를 위한 물리적인 작업도 수행하고 있다.

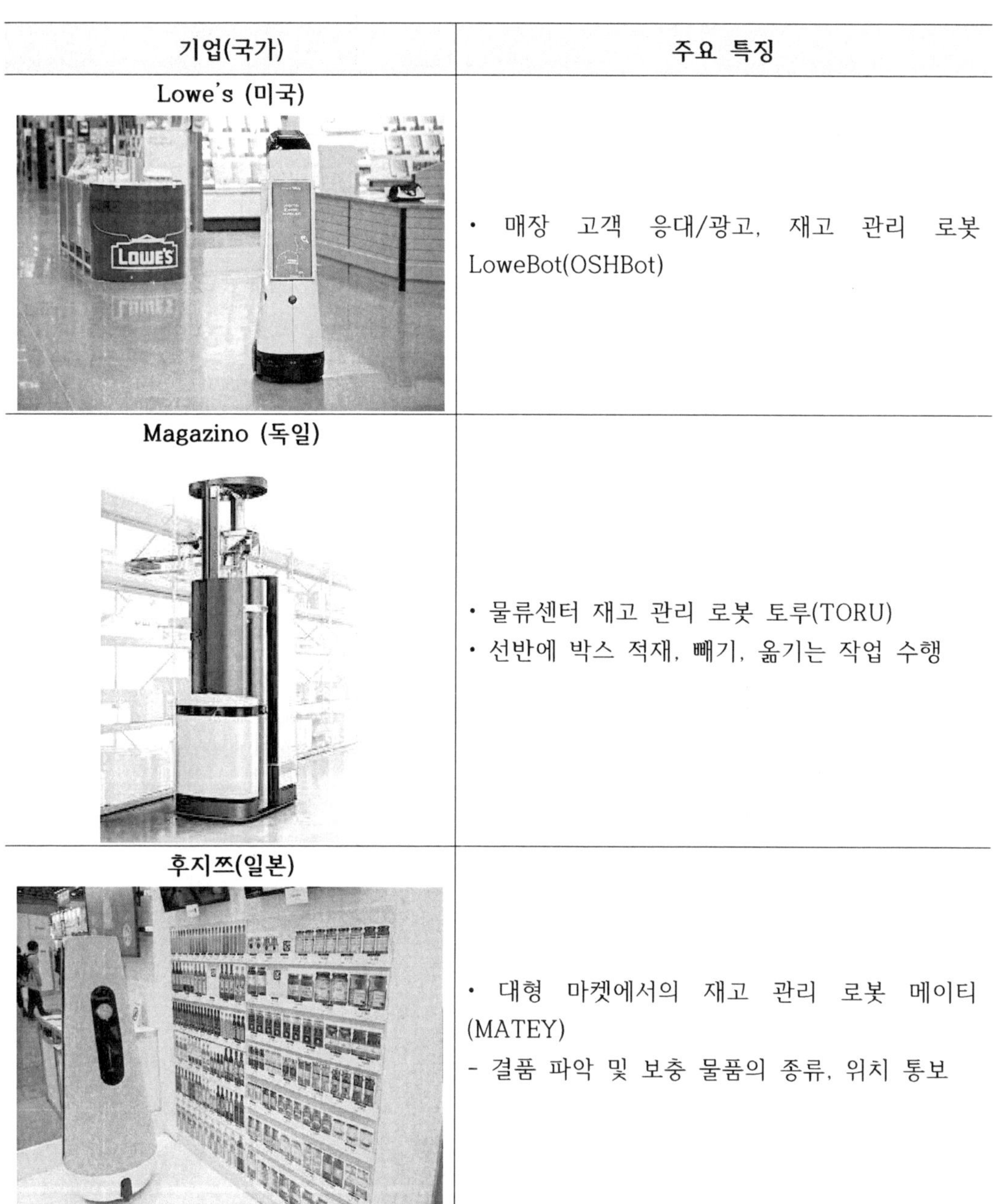

기업(국가)	주요 특징
Lowe's (미국)	• 매장 고객 응대/광고, 재고 관리 로봇 LoweBot(OSHBot)
Magazino (독일)	• 물류센터 재고 관리 로봇 토루(TORU) • 선반에 박스 적재, 빼기, 옮기는 작업 수행
후지쯔(일본)	• 대형 마켓에서의 재고 관리 로봇 메이티 (MATEY) - 결품 파악 및 보충 물품의 종류, 위치 통보

[표 14] 재고관리 로봇 기술 동향

바) 공통 솔루션 관련 기업

 기존 유인 운전 시스템에 자율주행을 위한 센서모듈 및 SW를 장착하여 로봇화를 하
는 솔루션 업체와, 직접 교시를 통한 주행학습 기술, 실제 환경에서 사용하며 지속적
학습을 통해 로봇이 스스로 최적의 주행기술을 학습하는 기술 등 연구중심의 업체들
이 해당된다.

기업(국가)	주요 특징
Seegrid (미국)	• CMU에서 개발한 기술을 바탕으로 무인자율 주행을 위한 비전 시스템(3D Vision 기반 Navigation SW)을 개발 • Seegrid 솔루션 + 지게차 늦 무인 지게차 (VGV: Vision Guided Autonomous Vehicle) • 직접 교시: 작업자가 승차하여 경로를 주행하여 학습 • 고객: 아마존, 월풀, BMW, JAGUAR, VOLVO, Walgreens, United States Postal Services 등 제조·유통·물류회사
Brain Cooperation (미국)	Training에 기반한 '로봇 운영 시스템(Brain OS)' 제공, 훈련을 거듭하면서 로봇이 스스로 학습: 자율주행을 위한 인공지능 시스템 개발에 특화 • 인공지능 Brain 'EMMA'(Enabling Mobile Machine Automation) • 기존 기계 + EMMA -> 자율주행 기계

[표 15] 피킹기능을 가진 물류로봇 기술 동향

2) 국내 동향

가) 물류센터/공장물류 로봇[18]

물류센터/창고를 위한 자동화 솔루션 기업이 주를 이루고 있으며, 해외에서 사업화가 이미 진행된 자율주행, 피커 추종, 다중로봇 운영 최적화, WMS 연동 등의 기능을 가지는 물류로봇은 아직까지 기술개발 및 시험 단계에 머물러 있다.

하지만, 전문 물류기업 주도하에 기존 인프라에 변화를 주지 않거나 최소화하면서, 24시간 작업이 가능한 물류로봇의 단계적 도입 추진이 예상된다.

한화(기계부문), 칼텍, 한성웰텍, 엔스퀘어 등 다수기업이 물류센터/창고를 위한 자동화 솔루션을 사업화 하고 있으며, CJ대한통운 종합물류연구원에서 자율주행 물류로봇(최대 500kg, 1m/s)을 개발(전자부품연구원/KAIST/엔스퀘어 공동개발)하여 물류센터에서 시험 중에 있다. 또한, 코어벨은 박스별로 해당하는 팔레트에 구분 적재하는 구분적재 로봇 시스템 및 물류이송에 사용되는 무인운반차(최대 250kg/500kg)를 개발하여 로봇 보급사업을 수행하고 있다.

현대로보틱스는 국내 최대 로봇 제조기업으로 로봇 전담팀이 모태로 1988년 현대중공업에서 분리되었다. 첨단 로봇 기술을 활용한 스마트 공장 구축 사업과 식음료 배송 및 방역 등 모바일 서비스 로봇 사업을 신규로 추진하여 토탈 로봇솔루션을 제공한다. 주요 제품은 산업용 로봇 모바일 서비스 로봇 소형 고속 핸들링 로봇을 생산한다.

국토교통부가 현대로보틱스와 손잡고 오는 2026년까지 로봇배송 사업의 조기 상용화를 추진한다고 밝혔다. 세계 최초 '도어 투 도어(door to door)' 로봇배송 시대를 열기 위한 민관협력 모델 구축 차원이다.

국토부는 차세대 물류 서비스 조기 구현, 세계 최고 수준의 물류 네트워크 구축, 첨단 기술 기반 물류 안전망 구축 등 3대 전략을 제시했다. 국내 물류산업은 자동화·무인화 등 첨단화에 돌입했지만 기술수준이 미국(100%) 대비 78.5%에 못 미치고 있다는 판단에서 나온 신성장전략이다.

국토부는 2026년에는 로봇 배송, 2027년 드론 배송을 상용화한다는 구상이다. 로봇 배송의 경우 현대로보틱스와 모빈(현대차 분사 스타트업) 등의 업체와 구체적인 협력 방안을 논의하고 있다.

---

18) 중소기업 전략기술 로드맵 2023-2025 지능형로봇

특히 전국 1시간 내 '초단시간' 배송 시스템을 구축하기 위해 도심 내 MFC(Mlicro Fulfillment Center·주문배송시설) 입지를 허용하고 비수도권 국가 물류단지에 한해 개발제한구역(그린벨트) 규제도 완화한다. 아울러 연내 '자율화물차 시범운행 지구'를 지정하는 등 물류산업의 획기적인 디지털 전환 시스템을 구축한다.[19]

CJ대한통운은 2021년 12월부터 로봇, AI를 기반의 첨단 물류기술이 집약된 '스마트 풀필먼트 센터'를 물류 전과정을 처리하는 최첨단 풀필먼트 센터를 가동했다. 군포 CJ대한통운 풀필먼트(물류 일괄 대행 서비스) 센터는 연면적 3만8400㎡(1만1616평)에 5층 규모로, 1개 층이 자동화 시스템으로 운영되고 있다. 고객사 상품의 재고관리부터 포장, 검수, 출고, 배송 등 모든 물류 과정을 자동화로 처리한다.

센터에는 101대의 피킹 AGV(바닥에 부착된 QR코드를 따라 이동하는 고정노선 운송 로봇)와 25대의 이송 AGV가 운용 중이다. AGV는 센터 내 물품 이송과 재고관리를 수행한다. 로봇 충전에 걸리는 시간은 대략 2시간 정도다.

로봇은 주로 주문 상품이 담긴 택배 박스에 완충재를 넣고 포장한 후 송장을 부착하는 과정을 담당한다. 미리 측정해둔 상품 무게에 알맞은 택배 상자 크기를 고른 후 출고하는 작업도 로봇의 몫이다.

무인 창고에서는 주문한 상품을 로봇이 작업자 앞으로 직접 배달한다. 사람의 작업 동선이 짧은 만큼 생산성도 올라간다. CJ대한통운에 따르면 자동화 기술을 활용했을 때 작업자 1인의 시간당 작업량은 23.8 박스로, 일반 물류센터(15.4박스)보다 55% 높다.

이처럼 비교적 작업 효율성이 높은 물류로봇은 정부로부터 고성장 분야로 평가받고 있다. 산업통상자원부는 2022년 국내 물류로봇 시장이 전체 서비스 로봇 시장에서 206억원에 달할 전망이라고 예측하며, 전략 육성 품목 가운데 하나로 선정한 바 있다.

특히 CJ대한통운에서 사용하는 AGV는 아마존 로보틱스, 오카도 등 해외 유통업체에서도 활용되고 있다. CJ대한통운은 경기 용인 남사읍에 구축 중인 물류센터에도 이런 자동화 기술을 적용하고 앞으로 다른 풀필먼트 센터로도 확대해나갈 예정이다.[20]

---

19) 국토부, 현대와 손잡고 2026년까지 '로봇배송' 상용화/머니투데이
20) 로봇이 택배 분류부터 출고까지 '척척'…CJ대한통운, 물류 자동화 '속도/투데이코리아

[그림 70] CJ대한통운의 이동로봇(AGV)

LG전자는 생활 가전과 자동차 전장 사업 등에서 축적한 제조 노하우로 급성장 중인 물류 로봇 시장을 잡겠다는 전략으로, 2022년 '물류 자동화' 로봇 전문가를 모집하는 등 연구개발에 투자를 확대하고 있다.

[그림 71] LG 클로이 캐리봇

LG 클로이 캐리봇은 자율주행이 가능한 로봇이다. 물건을 적재한 뒤 알아서 경로를 찾아 정해진 목적지로 운반한다. 위험하고 단순한 반복적인 업무를 LG 클로이 캐리봇에 일임하면 작업자의 피로도를 낮출 수 있고 물류 작업 효율성을 높일 수 있다.

나) 물류이송 로봇

병원·요양원을 중심으로 소형(의약품/검체), 중대형(식사) 물품 이송 형태로 기술개발이 되었으며, 시장 개척 단계이다. 특징으로는 자동문, 엘리베이터 연동 및 중저속(1m/s) 이동이 있다.

유진로봇은 병원, 노인간병 시설, 푸트코트 등에서 활용할 수 있는 운반 로봇 'GoCart' 개발: GoCart 1.0(60kg 이하), GoCart 2.0(최대 300kg)를 발표했는데, 이들은 모두 엘리베이터를 이용한 층간 이동이 가능하다는 장점이 있다.

엔티로봇은 의료검체 무인운반로봇(Sbot, 최대 80kg, 1m/s 속도)을 개발하여 국내외 보급사업을 수행하고 있다.

다. 물류 로봇 시장 전망21)

1) 해외 동향

2021년 16억 1,000만 달러였던 자율이동로봇(AMR, Autonomous Mobile Robot) 세계시장 규모는 연평균 34.30%로 성장하여 2026년에는 70억 3,400만 달러에 달할 것으로 전망된다.

AMR은 평균 가격이 2만 달러(AGV 7만 5,000달러) 대이고 소형 제품은 4,000달러 대로 시장에 출시되는 등 AGV보다 월등한 가격 경쟁력을 보유한다. AMR은 AGV를 점진적으로 대체하며, 현재 MR의 50% 이상을 차지하는 AGV는 2025년 25%까지 하락하면서 글로벌 MR 시장은 AMR을 중심으로 빠르게 재편될 것으로 관측된다.

(단위 : 백만 달러, %)

구분	'20	'21	'22	'23	'24	'25	'26	CAGR ('20~'26)
세계시장	1,199	1,610	2,162	2,904	3,900	5,238	7,034	34.30

* 출처: Autonomous Mobile Robot (AMR) Market by Type, by Application, by End-User Analysis and Industry Forecast 2022-2030(Nextmsc, 2022.08) 자료를 재구성하여 추산

[그림 72] AMR 시장 규모 및 전망

물류 로봇의 경우, 온라인 쇼핑 시장의 성장과 함께 스마트 팩토리의 핵심 요소인 배송 지능형 로봇의 글로벌 수요가 증가하면서 높은 성장을 보일 것으로 예상된다. DHL에 따르면 북미권 국가는 유럽권에 이어 두 번째로 시장 비중이 큰 지역이다.

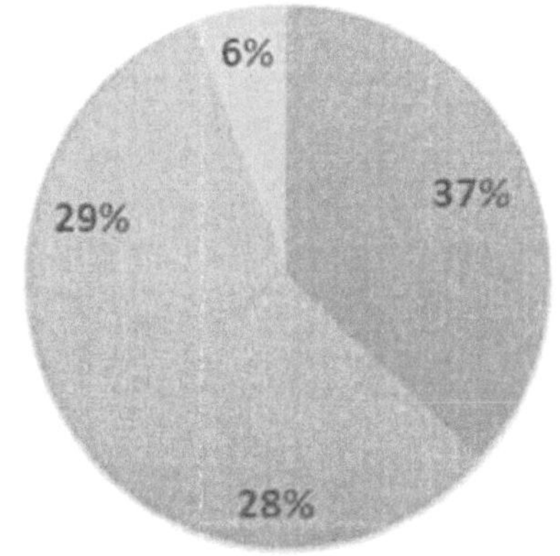

* 출처: 물류센터 자동화, 로봇이 이끈다. 애플 경제 (자료원 : DHL), 자료를 재구성하여 추산

[그림 73] 세계 지역별 물류 로봇 시장 규모

---

21) 중소기업 전략기술 로드맵 2023-2025 지능형로봇

2) 국내 동향

자율로봇이동로봇(AMR)의 국내 시장규모는 2021년 1조 6,798억 원에서 2026년에는 5조 1,673억 원으로 증가할 것으로 전망된다. 국내 물류 산업은 대기업에 편중되어 있어 중소기업과의 기술개발 및 적용 사업 협력이 필수이다. 물류 전문서비스, 배송 등 물류 관련 업체 그리고 외식업체, 호텔 등 서비스 업체에서 물류 로봇 활용에 많은 관심이 있으며 일부 도입하여 진행하고 있다.

아마존 등 선진 온라인 쇼핑몰이 활용하고 있는 물류 로봇을 비롯해 스마트 물류 시스템 도입을 국내에서도 준비중이다.

(단위 : 억 원, %)

구분	'20	'21	'22	'23	'24	'25	'26	CAGR ('20~'26)
국내 시장	13,417	16,798	21,031	26,330	32,965	41,273	51,673	25.20

* 출처: 자율 이동로봇(AMR) 시장(연구개발특구진흥재단, 2020.04) 자료를 재구성하여 추산

[그림 74] AMR 구개내 시장 규모 및 전망

2020년 로봇산업 실태조사 결과보고서에 따르면 국내 전체 로봇 시장에서 산업용 로봇의 비중은 77%로 세계 로봇 시장의 비중인 56.5%와 비교했을 때, 압도적인 점유율을 보인다.

삼성전자, 현대자동차, LG전자, KT 등 국내 주요 대기업 그룹사의 로봇산업에 대한 투자 가능성이 높다. 2021년 12월 삼성전자는 로봇 사업팀을 신설하면서 본격적으로 로봇 시장에 진출한다고 발표했다. LG전자는 타 기업보다 빠른 시기에 로봇산업에 지출하여 산업용 로봇 기업 로보스타를 인수하고 로보티즈, 엔젤로보틱스 등 로봇 기업 지분투자를 통해 로봇 사업영역을 확대 중이다.

현대자동차는 글로벌 로봇 기업 보스턴 다이내믹스 지분의 80%를 약 1조 원에 인수하면서 로봇 사업에 본격 진출하면서, 로스턴 다이내믹스의 4족 보행 로봇, 휴머로이드 로봇, 물류 로봇을 기반으로 기존의 현대자동차의 웨어러블 로봇, 자율주행자, 도심항공 모빌리티(UAM) 및 스마트 팩토리 기술과의 시너지가 기대된다.

KT는 현대로보틱스에 500억 원을 투자함으로써 10%에 해당하는 지분을 취득하고, 여러 로봇기업들과의 협력을 이어가고 있다.

05. 농업 로봇

5. 농업 로봇[22)

가. 농업 로봇 개요

농업로봇은 농업 생산과 가공, 유통, 소비의 전과정에서 스스로 서비스 환경을 인식 (Perception)하고, 상황을 판단(Cognition)하여 자율적인 동작(Mobility & Manipulation)을 통해 지능화된 작업이나 서비스를 제공하는 기계이다.

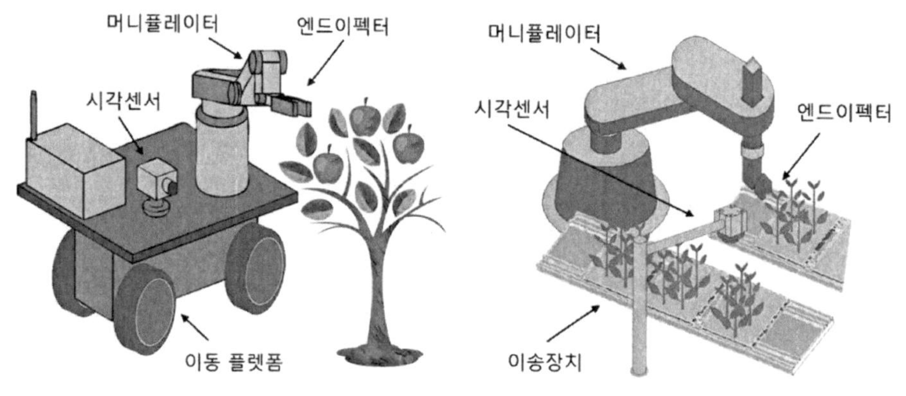

[그림 76] 자주형 농업 로봇   [그림 77] 정치형 농업로봇

농업용 로봇산업은 전문서비스용 로봇산업 분류에 속해 있으며 농업 생산과 소비, 유통과 경영 등의 전 과정에서 자율적인 기능을 통해 농작업이나 농업 관련 서비스를 제공하는 로봇을 제조하는 산업이다.

농업 로봇은 노지, 과수 작업 현장에서 이동(경운, 제초, 파종, 이앙, 운반 등) 동작과 조작(수분, 전정, 적과, 수확, 포장 등) 동작의 자동화에 필요한 지능형 기술을 포함한다. ICT 기술을 접목하여 생산성과 품질을 향상하기 위한 농작업 모니터링, 예측 진단 등과 대비하여 로봇의 물리적 상호작용 기능인 이동과 조작기능을 적극적으로 활용하여 농작업의 자동화 및 효율을 추구한다.

농작업 대상, 환경, 절차의 비정형성, 계절적 요소를 극복하고 농작업의 자동화와 효율을 달성하기 위해 작업환경 맵핑, 작업 대상과 환경에 대한 인식 및 학습, 작업 계획 등 인공지능과 로봇 제어 기술의 적극적인 결합을 이용- 농작업에 특화된 로봇 뿐만 아니라 트랙터, 콤바인, 이앙기, 방제기, 제초기 등 전통적인 농기계에 AI 및 로봇 기술을 접목하여 이동 및 조작기능을 향상한 플랫폼의 형태도 포함한다.[23)

---

22) 농업로봇 기술동향과 산업전망, KEIT PD Issue Report,
23) 중소기업 전략기술 로드맵 2023-2025 지능형로봇

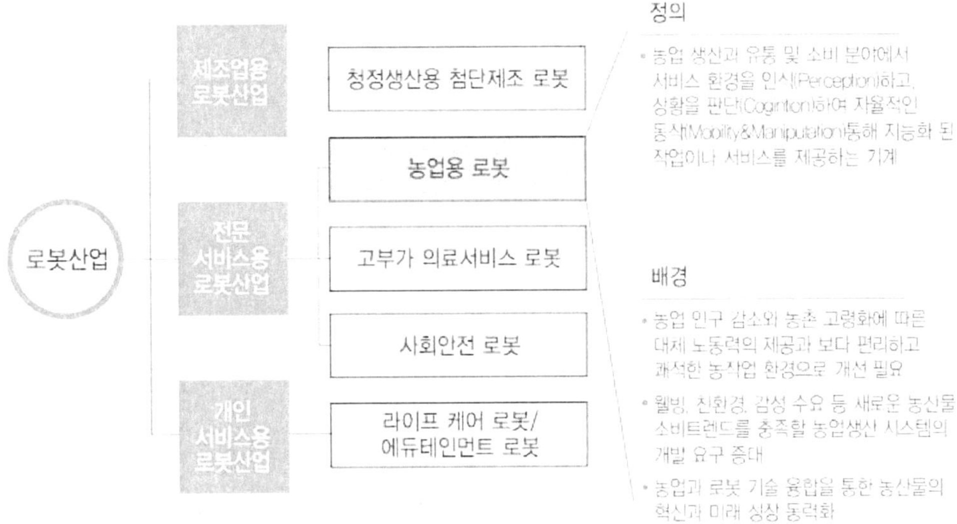

[그림 78] 농업 로봇의 범위

농업 로봇이 대두된 배경을 살펴보면 크게 농업·농촌 여건 변화, 한국농업의 정체, 사회적 문제, 기술적 이슈로 나눠볼 수 있다.

① 농업·농촌 여건 변화

현재, 농업에서는 정보통신·바이오·에너지 분야 기술과의 융복합을 통한 새로운 성장산업이 등장하면서, 고부가가치의 새로운 시장이 창출될 기회가 확대되고 있다. 또한, 농업에 있어서 지구 온난화, 기상 이변의 빈발로 농업생산의 감소 위험이 증가하고 있으나 한편, 새로운 소득 작목·품종 개발의 기회로 작용하고 있기도 하다. 그리고 무엇보다도 자연친화적 삶을 추구하는 등 농업·농촌과 관련된 새로운 가치 문화가 확산되고, 교통 발달, 농촌 정주여건 개선으로 베이비부머 뿐 아니라 젊은 세대의 농촌 거주가 늘어나면서 청년층 농업창업 관심도 증가할 전망이다.

② 한국농업의 정체

최근 원예·축산분야 성장에 힘입어 농업생산액은 다소 증가했으나, 국민경제에서 차지하는 농업의 비중과 곡물자급률은 감소 추세를 보이고 있다. 또한, 농업경영주의 고령화가 심화되고, 중소농 비중이 크며, 전반적인 농가소득은 정체 상태이다.

따라서 농업 내부 투자여력 부족으로 농가의 자본투자가 정체되고, 농업생산성은 다소 성장했으나 대외경쟁력과 기술 수준은 정체 상태라고 할 수 있다.

③ 사회적 문제

저출산·고령화문제는 농업과 농촌에 더욱 심각한 형태로 나타나고 있으며, 노동력 부족과 산업의 경쟁력 약화로 이어지고 있다. 또한, 여성의 영농 활동이 증가하고 싱글가정, 다문화 가정 등 다양한 가족형태가 농촌사회를 구성하고 있다.

④ 기술적 이슈

 ICT/BT/NT 기술의 급속한 발전과 함께, 각 산업 분야별로 새로운 Killer Application 창출을 위한 기술과 산업 간의 융합이 이루어지고 있으며, 새로운 Break-through 기술개발을 위한 경쟁이 치열하다.

 또한, 센서, 액추에이터 등 메카트로닉스 기술의 발달과 인공지능, 사물지능통신 등 지능화 기술의 진보로 모든 산업의 제품과 서비스가 스마트화를 향해 진화하고 있으며 산업과 기술 뿐 아니라 정치와 경제, 문화에 이르기까지 스마트 기술이 변화의 키워드가 되고 있다.

 앞서 살펴본 다양한 이유로 인해 노동비용, 농산물 생산성, 부가가치, 작업 여건 및 생산 환경 개선 등 산업환경 변화에 따른 로봇 도입 시 비용대비 효과 측면의 이점(merit)이 부각되면서 농업 로봇의 신규도입 가능 분야가 점차 확대되고 있고, 작업 실행측면에서는 인력 작업과 단순 기계작업의 중간 위치에서, 각각의 단점을 보완할 수 있어 로봇도입이 점차 확산되는 추세(착유로봇, 접목로봇 등)이다.

 로봇화는 작업량과 복잡성을 기준으로 보면 전용 기계작업과 인력작업의 중간에 위치하며, 전용기계는 작업량이 일정규모 이상 많고 초기 투자를 회수할 수 있을 경우 비용대비 효과가 높다. 하지만, 여전히 제품의 종류가 매일 바뀌거나 유연물을 포함하는 조립공정에서는 수작업이 로봇에 비해 유리하다.

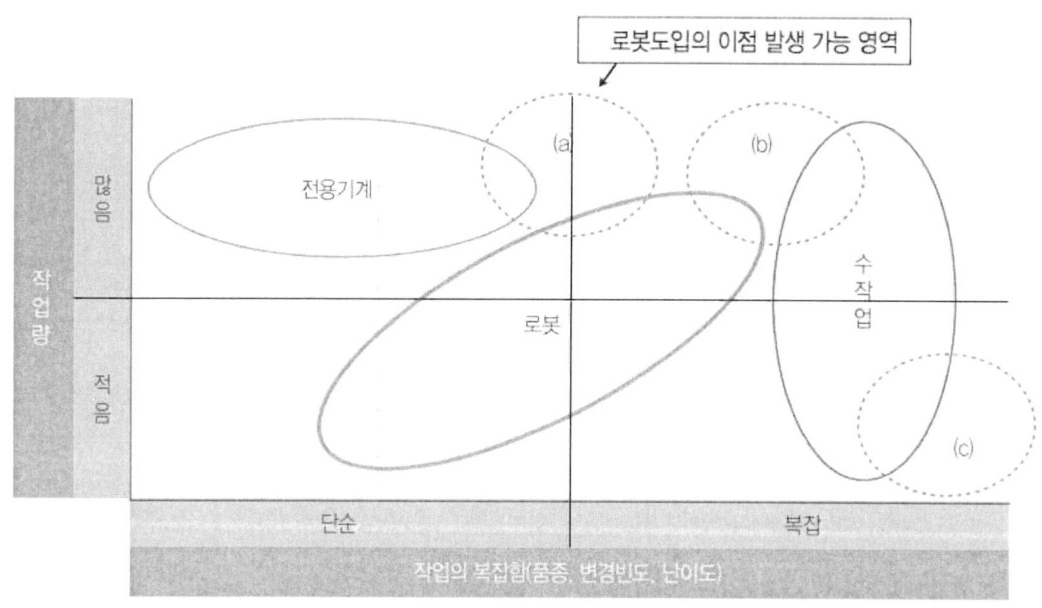

[그림 79] 로봇의 산업환경

전용기계와 수작업이 비용대비 효과를 낼 수 없는 다음과 같은 경우((a)~(c))에 로봇화의 이점이 발생할 수 있다. 먼저, (a)는 작업량이 많아도, 작업의 복잡함이나 변동의 정도에 따라 로봇기술의 활용이 전용기계 이상의 효과를 낼 수 있다. (b)는 작업이 복잡해도, 로봇기술을 도입하여 자동화 혹은 작업의 간소화(투입 에너지/기술력 절약)를 실현할 수 있다. (c)는 작업 내용이 수작업의 숙련도로 따라갈 수 없을 만큼 빈번히 바뀌는 경우이다.

구분	현재 기술	개발 방향
주행제어	• 탑승 중심의 수동주행 • 시제품 형태의 자율주행	• 원격제어, 무인 자율주행
위치인식	• 고가형 GPS 및 3D 센서 기반 자기 위치 추정	• 저가형 센서 및 영상 매칭을 통한 센서융합 기반 자기 위치추적
상황인식	• 3D 센서, 레이저 스캐너 등을 이용한 주행공간 인식	• 실외용 저가 3D 센서 기반 주행 공간인식 • 다중 센서융합 기반 작업상태 인식
작업제어	• 대면적용 자동 수확 및 파종 • 항공기를 활용한 대면적 시비 및 농약 살포	• 과수 재배를 위한 3D 인식, 작업영역, 경로 생성 • 섬세 작물 작업용 다축 매니퓰레이터 기술
작업공간	• 센서 네트워크 기반 축사 및 온실 자동화	• 빅데이터 기반 상황인지 및 proactive 생장 관리

[그림 80] 노지 농업 로봇의 현재 기술과 개발 방향

자동화·로봇화·무인화 및 인간 공적 기술을 통해 환경을 보전하면서도, 수확량은 줄이지 않고, 고품질 농산물을 생산할 수 있는 정밀농업용 기술이 빠른 속도로 실용화가 진행되고 있다. 노지 농업용 로봇은 트랙터, 콤바인, 관리기 등 전통 농기계와 로봇 기술의 융합을 통해 새로운 로봇 농기계 형태로 성장하고 있으며 글로벌 농기계 시장에서 비중을 확대 중이다.

지능형 농업 로봇 발전 방향을 살펴보면 크게 CT·BT·NT 의 세 가지 기술을 중심으로 하여 각각 개별적인 기술이 개발되는 중이다. 통신 센서 바이오 등의 급속한 발달과 기존산업에 사용되던 첨단기술들이 농업용 로봇에 적용되고 있으며, 현재 농업용 로봇의 작업 자율화, 작물 생육상태 분석 및 과채류 이미지 센싱 농업용 로봇 swarm 등의 기술이 적용되었다.

농업의 ICT 융합기술은 기존의 1차 산업 중심의 농업기술에 자동제어, 센서, 광원,

생육 제어, RFID(Radio Frequency Identification)-USN(Ubiquitous Sensor Network), 로봇, 유무선 통신 기술 등 다양한 기술을 융합시켜 농업을 자동화하며 생산 효율 품질을 향상하는 기술이다.

 스마트 농장 개요도와 같이 각종 센서 제어시스템 분석 시스템 등이 서로 연결됨과 동시에 사람과 연결을 통해 관리 및 제어를 할 수 있는 기술이며, 자동화 기반 식물공장은 비닐하우스 재배를 넘어서 데이터를 자동으로 저장하고 활용을 통해 각종 센서로 자동으로 광량 조절, 인공적으로 밤낮을 만들어 식물들이 광합성을 원활하게 하거나 잠을 잘 수 있게 하고 영양분과 물을 시기적절한 때 공급하여 노지채소와 별 차이가 없는 혹은 더 좋은 작물을 생산해 내고 있다.

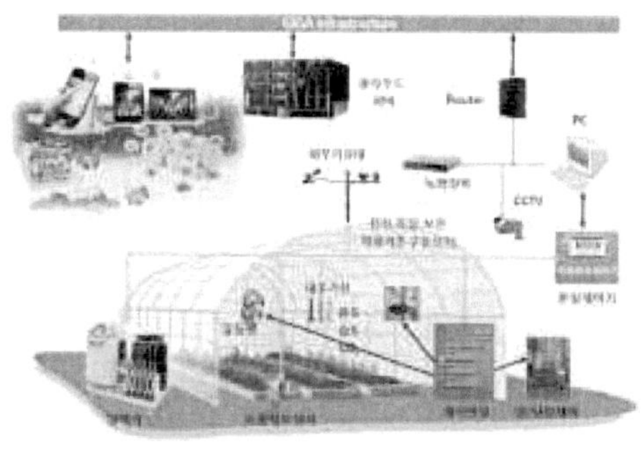

★ 출처 : Rural Resources 홈페이지

[그림 81] 스마트 농장 개요도

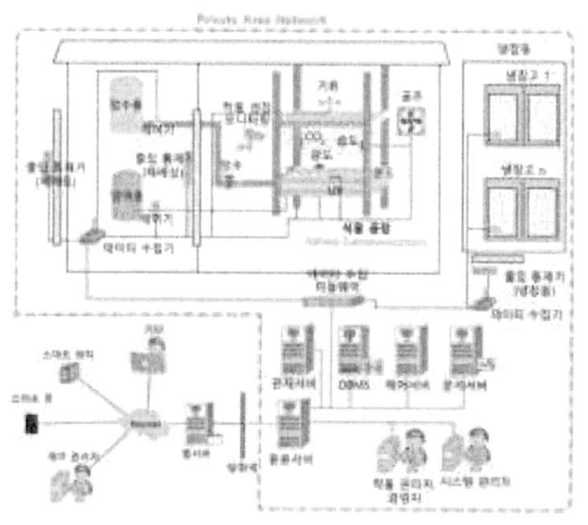

[그림 82] 자동화 기반 식물공장

기술 분류	세부 기술 범위
CT (Culture Technology)	• 디지털 미디어를 기반으로 한 산업
BT (Biology Technologist)	• 제약 분야, 인공장기, 줄기세포 연구, 유전자 조작 등 생명 관련 바이오 기술
NT (Nano Technologist)	• 나노기술을 통해 원자나 분자 크기의 기술을 다루는 분야

[그림 83] 지능형 농업 로봇의 기술발전 방향

나. 농업 로봇 기술 동향

1) 해외 동향[24]

가) 미국[25]

2019년 출시 된 펜트(Fendt)사의 크사버(Xaver) 로봇은 모종/씨앗을 심는 작업부터 비료주기, 잡초제거, 작업 감독까지 가능하며, 클라우드 컨트롤, 인공위성 기반의 탐색 기술이 가능한 정밀농업(Precision Farming)[26]을 위한 로봇이다.

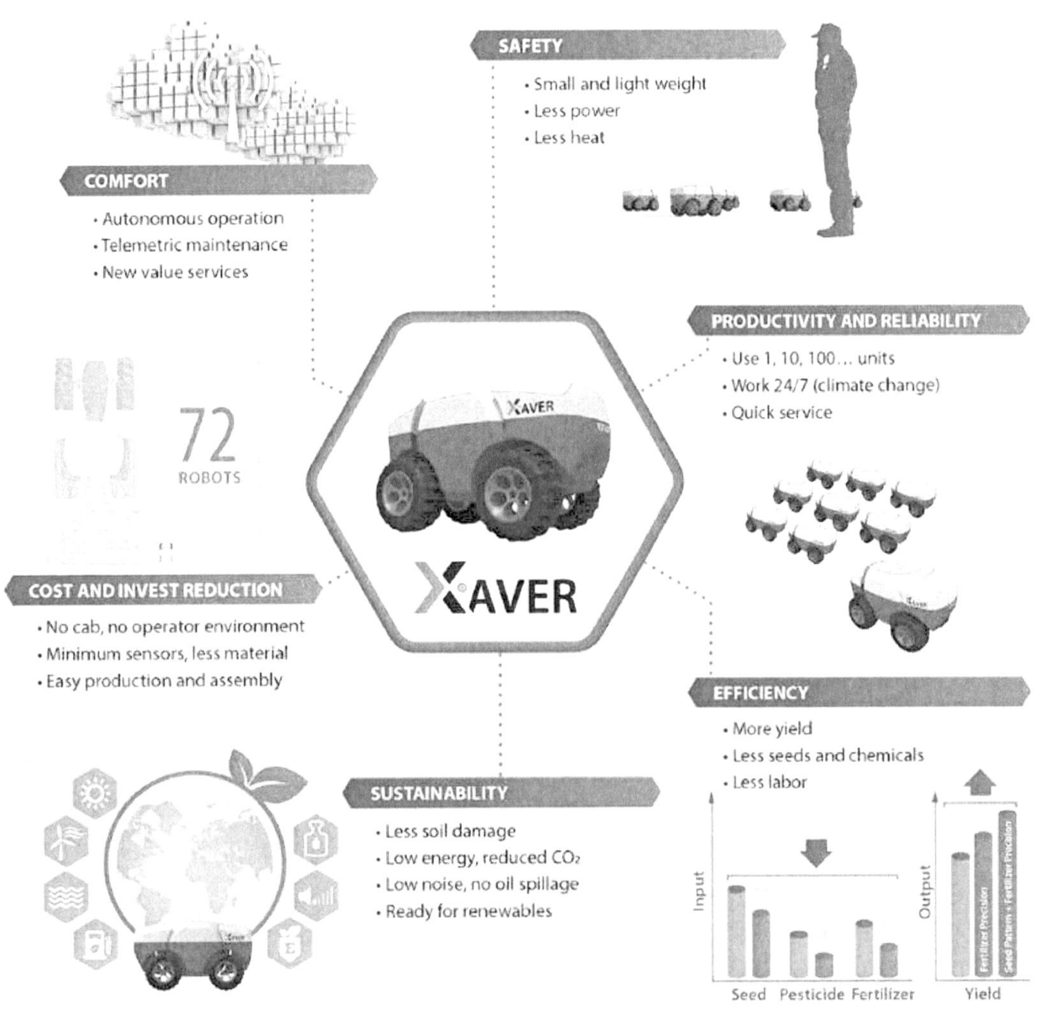

[그림 84] 크사버(Xaver) 로봇의 장점

---

24) 중소기업 전략기술 로드맵 2023-2025 지능형로봇
25) 로봇이 가져올 미국 농업의 변화/KOTRA
26) 정밀농업: 정보통신기술(ICT)을 활용해 비료, 물, 노동력 등 투입자원을 최소화하면서 생산량을 최대화하는 생산방식으로 적절한 수확량과 품질을 유지하면서 친환경적인 생산체계를 만들 수 있음.

비전 로보틱스(Vision Robotics)는 농작물이 잘 자랄 수 있도록 적절한 거리를 두고 씨앗을 심는 로봇 개발했다. 현재 양배추 농장 및 포도밭에서 주로 사용되며 카메라가 연결된 로봇이 3D 지도를 생성해 작업에 이용하고 있다.

비전 로보틱스의 로봇은 한 시간에 2~3 에이커 규모의 농경지 작업이 가능하며 운영 비용은 1 에이커에 $30으로 매우 저렴한 편이다.

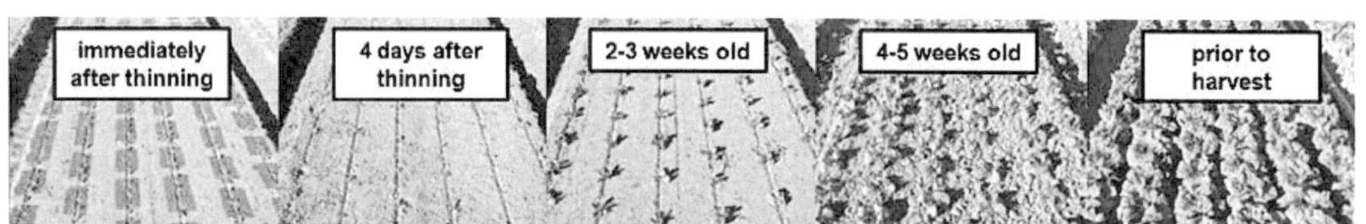

[그림 85] 비전 로보틱스(Vision Robotics)의 농업용 로봇의 작업 결과

루 리버 테크놀로지(Blue River Technology)는 잡초 제거용 씨드 앤 스프레이 로봇(See & Spray robot) 개발해 판매 중이다. 잡초 제거를 위해 매년 250억 달러의 비용을 들여 30억 파운드의 제초제가 사용되는데 제초제에 내성을 가진 잡초들이 생겨나면서 효과가 줄어드는 가운데 씨드 앤 스프레이 로봇은 제초제 사용량의 90% 줄이면서 잡초 제거가 가능하다.

이 로봇은 인간의 눈과 유사한 지능형 카메라가 경작지에서 잡초를 식별한 후 로보틱 노즐이 잡초에만 정확히 제조제를 도포한다.

[그림 86] 씨드 앤 스프레이 로봇(See & Spray robot)의 작업 모습

얼스센스(EarthSense)사에서 개발한 테라센샤 로봇(TerraSentia)은 머신비전, 머신
러닝 기술을 기반으로 데이터를 수집, 분석함으로써 수확의 질, 정확도, 비용을 개선
했다. 테라센샤는 경작지를 자유롭게 이동하며 병충해 감염 여부, 스트레스 반응 등
경작물에 대한 다양한 데이터를 수집해 운영자에게 보고한다.

[그림 87] 테라센샤(TerraSentia) 로봇과 플랫폼

블루 리버 테크놀로지(Blue River Technology)를 인수, 베어 플래그 로보틱스(Bear
Flag Robotics) 인수 등 자율주행 트랙터에 대한 투자를 하였다. 그 결과 최근
CES2022에서 사람의 개입업싱 작업자가 작업 구역과 경로를 설정하면 스스로 토양
상태 등을 파악해 작엄하는 '완전자율트랙터'를 선보였다. 이 완전자율트랙터에는 인
공지능 프로세서, 그랙픽처리장치(CPU), 위성항법시스템(GPS)등 첨단 전자 기술이 집
약되었다.

* 출처 : Deere & Company 홈페이지

[그림 88] Deere & Company의 자율주행 트랙터

나) 영국[27)

 영국의 농업로봇 스타트업인 스몰 로봇 컴퍼니(Small Robot Company·SRC)가 2022~2023년 작물 성장기를 맞아 50여개 농가에 농업용 로봇을 출시한다고 밝혔다. 농장용 SRC 로봇 솔루션은 농작물 모니터링 로봇인 톰(Tom)과 이 회사의 인공지능(AI) 어드바이스 엔진인 윌마(Wilma)로 구성된다.

 톰은 식물의 잎에 있는 물방울을 낱낱이 내려다 볼 수 있다. 윌마 서비스는 기존 분무기 장비사용을 최적화시켜 줌으로써 살충제, 비료, 제초제 투입량과 비용을 절감시켜 준다. 톰은 농작물이 자라는 밭을 자율적으로 지도화하고 감시한다. 이 로봇은 활대(수직팔) 위에 장착된 6대의 탑재 카메라로 밭을 스캔하고, 각각의 식물이 밭의 어느 곳에 있는지에 대해 이해한다. 톰은 픽셀당 0.39mm의 그라운드 샘플 거리를 줄 수 있어 농작물 병의 초기 징후를 검색할 수 있다.

 윌마는 톰이 수집한 개별 농작물에 대한 정보를 가지고 농장에서 취해야 할 최선의 조치에 대해 조언하기 위한 대응 처리 지도를 작성한다. 이 지도는 변화하는 비료를 적용하는 비율을 알려주고, 노즐 제어 및 부분 제어 스프레이를 통해 제초제를 특정 부분에만 뿌리게 할 수 있다.

 농부들은 이 시스템을 통해 잡초 밀도 정보를 평가하며, 함부로 제초제 살포 결정을 내리지 않음으로써 그 사용량을 약 77% 줄일 수 있다. SRC 로봇은 각 농장이 농작물 건강과 성장 정도를 평가할 수 있도록 함으로써 비료 비용을 15%까지 절감시켜 준다.

* 출처 : Small Robot Company 홈페이지

[그림 89] Small Robt Company의 농업용 로봇 '해리', '톰'

---

27) 영국 SRC, 밭작물용 로봇 대규모 공급/로봇신문

다) 일본28)29)

일본 국내 전통 농업 종사자수는 1960년대 1,175만 명을 기록한 이후 꾸준히 감소해서 1980년에는 413만 명, 2016년에는 158만 명, 2020년에는 136만 명으로 나타났다. 일본 농업 종사자 평균 연령은 증가하는 추세인데, 60대 이하 농업 종사자가 줄어드는 것이 그 원인으로 보인다. 2010년 60대 이하 농업 종사자는 110만 명이었으나 계속 감소해 2020년에는 67만 명을 기록했다. 농업 종사자의 평균 연령은 2010년 66.2세에서 2020년 67.8세로 10년 사이 농업 종사자의 평균 연령이 1.6세 높아진 것을 확인할 수 있다.

일본 정부는 어려움에 처해있는 일본 농업업계의 문제를 해결하고 향후 성장산업으로 발전시키기 위해 ICT, IoT, 로봇기술을 이용한 '스마트 농업'을 추진 중이다. 농업의 기계화, 자동화로 노동력과 비용을 절감하고 고도 재배기술 개발과 재배규모를 대형화를 통해 효율을 높임으로써 자국 농산물의 경쟁력을 확보해 나아가서는 대외수출 증대까지의 목표를 설정하고 있다.

일본의 스마트농업 주요 기술

기술명	정의
재배지원 솔루션 - 복합환경 제어장치	대기온도, 하우스 내 온도, 습도, 일사량, CO2 농도 등을 측정해 각각 최적의 상태로 조정하기 위해 냉방장치 및 보온커튼, 환기 및 차광을 자동 제어하는 것

자료출처 : 일본야노경제연구소 '스마트농업에 관한 조사결과 2017'

[그림 90] 일본의 스마트농업 주요 기술

일본 정부가 직접 나서서 민관합동 및 연구기관의 제휴로 스마트 농업의 개발 및 실용화를 적극적으로 추진하고 있는 가운데 이를 미래 비즈니스 기회로 여기고 있으며, 다양한 타 업종의 기업 진출이 증가함으로써 기술개발과 보급이 급속도로 이루어지고 있다. 이에 따라 매년 관련 시장규모가 성장을 거듭하고 있으며, 관련 전문가는 오는 2023년에는 약 333억엔 규모로 확대될 것이라고 내다봤다.

그동안 기업의 농업진출은 농작물을 안정적으로 조달하고자 하는 식품업체나 공공사업의 감소에 따른 건설업체들이 경영 다각화의 방책으로 이뤄진 경우가 많았다.

---

28) [해외시장동향] ② 일본 - '스마트 농업'으로 농촌인력 감소 · 고령화 해결책 찾다/한국농기계신문
29) [유망]일본 스마트 농업 시장동향, 임지훈/KOTRA,

그러나 최근에는 소매업, 제조업, IT, 금융, 운수업 등 다양한 업계가 ICT, 로봇 기술을 농업에 응요하는 형태로 발전하고 있다. 제품을 살펴보면 인터넷을 통해 PC와 스마트폰으로 재배시설을 연계해 장비 조적 및 데이터 수집, 관리가 가능한 농업용 클라우드가 식물 공장을 중심으로 빠르게 보급되고 있다.

일본의 농업용 클라우드 서비스를 제공하는 주요 기업

기업명	서비스명	상세내용
FUJITSU	Akisai	농지 재배, 시설 원예, 축산 분야의 경영, 생산, 판매까지 기업적 농업 경영을 지원. 자사 'Akisai농장'에서 실제 검증을 거치며 개발 중. 광범위한 사업 영역을 커버, 제공 서비스 내용도 업계 중 가장 앞서 있음.
TOYOTA	풍작계획	자사의 자동차 제조관리 노하우를 농업에 응용. 농사 계획을 자동 작성, 진척 상황을 관리하는 시스템. 작업 데이터와 수확한 작물의 수량 및 품질 데이터를 축적 및 분석함으로써 비용을 절감하고 품질 좋은 쌀을 생산하는 것이 주요 목적
KUBOTA	KSAS (Kubota Smart Agricultural System)	주로 벼 농사 농가를 대상. 센서를 탑재한 자사 콤바인과 연동해 수확시기에 쌀 맛의 기준이 되는 단백질과 수분의 함유량을 자동 측정

자료출처 : Toray 경제연구소 산업경제조사부문 '기대 되는 스마트 농업의 신전개 2016', KOTRA 나고야 무역관 편집

최근 일본의 스마트 농업 관련 제품을 살펴보면 인터넷을 통해 PC와 스마트폰으로 재배시설을 연계해 장비 조작 및 데이터 수집, 관리가 가능한 농업용 클라우드가 식물 공장을 중심으로 빠르게 보급되고 있다.

또한 GPS 기능을 탑재한 농기계, 무인주행이 가능한 농기계의 실용화가 진행되고 있으며 포장(圃場) 정보의 수집과 파종, 농약과 비료 살포 등에 사용할 농업용 드론, 센서로 수확 적기의 농작물을 선별 수확하는 수확용 로봇의 보급도 기대를 모으고 있다.

이처럼 GPS 기능을 탑재한 농기계, 무인주행이 가능한 농기계의 실용화가 진행되고 있으며 포장 정보의 수집과 파종, 농약과 비료 살포 등에 사용할 농업용 드론, 센서로 수확 적기의 농작물 선별 수확하는 수확용 로봇의 보급도 기대를 모으고 있다.

농업 클라우드 기술 부문에서는 ICT기술과 통신 네트워크 기술을 활용해 정보 통신, 전기 관련 기업이 독자적인 클라우드 서비스를 제공한다. 대규모 농가를 중심으로 도입이 진행되고 있으며 농작물 생산 관련 기능 이외에 유통, 판매관리 등 농장 경영에 관한 전반적인 활동을 지원하는 곳도 있다.

이러한 기업 이외에 자동차 관련 업체 등 타 업종 기업이나 벤처 기업 등도 농업 클라우드 비즈니스 분야에 적극적으로 뛰어 들고 있다.

도요타 자동차가 자동차 생산 관리 방법이나 공정 개선 노하우를 농업 분야에 응용, 농사의 효율화 및 작업 비용의 가시화, 개선점 파악을 목적으러 개발한 농업 IT를 '풍작 계획'이 그 예다.

[표 16] 일본의 스마트농업 주요 기술

기술명	정의
재배지원 솔루션 - 농업 클라우드	농업에 관련된 데이터 수집해 인터넷상에서 관리해 생산성을 향상시키는 시스템
재배지원 솔루션 - 복합환경 제어장치	대기 온도, 하우스 내 온도, 습도, 일사량, CO2 농도 등을 측정해 각각 최적의 상태로 조정하기 위해 냉방장치 및 보온커튼, 환기 및 차광을 자동 제어하는 것
재배지원 솔루션 - 축산용 생산지원 솔루션	축산업의 생산비용 절감을 위해 정보통신기술(ICT)를 활용한 계획적 가축번식으로 경영 효율화를 실현하는 솔루션
판매지원 솔루션	① 생산자 및 JA(Japan Agricultural Cooperatives)와 식품 관련 사업자를 연결해 농작물을 조달하는 식품 관련 사업자의 4정[정량, 정시기, 정품질, 정가격]을 실현하는 솔루션 ② 생산자와 JA의 직원을 연결, ICT를 이용해 관리업무를 경감하는 솔루션
경영지원 솔루션	① 회계소프트나 및 농업생산법인의 회계업무를 ICT로 지원하는 솔루션 ② 기상데이터나 과거의 기상정보를 토대로 수확시기 및 수확량을 예측해, 병해충 등의 피해를 사전에 파악할 수 있는 솔루션
정밀 농업 - GPS 가이던스 시스템	GPS기능에 의해 트랙터의 위치를 측정해 주행경로를 표시하는 장치

정밀 농업 - 자동조타장치	GPS가이던스시스템에 의해 표시된 주행경로에 따라 트랙터를 자동으로 조종하는 장치(무인주행은 아님)
정밀 농업 - 차량형 로봇시스템	GPS수신기, 로봇컨트롤러, 센서 등을 트랙터, 이앙기, 콤바인 등의 농기구에 설치해 여러 대의 농기구에 의한 협조작업 및 농기구의 완전무인운전을 실현하는 시스템
농업용 로봇	설비형 로봇(접목 로봇 등), 머니퓰레이터형 로봇(수확 로봇 등), 작업 어시스트형 로봇(파워어시스트슈트 등)

[표 17] 일본의 농업용 클라우드 서비스를 제공하는 주요 기업

기업명	서비스명	상세 내용
FUJITSU	Akisai	- 농지 재배, 시설 원예, 축산 분야의 경영, 생산, 판매까지 기업적 농업 경영을 지원. 자사 'Akisai농장'에서 실제 검증을 거치며 개발 중. 광범위한 사업 영역을 커버, 제공 서비스 내용도 업계 중 가장 앞서 있음.
TOYOTA	풍작 계획	- 자사의 자동차 제조관리 노하우를 농업에 응용. 농사 계획을 자동 작성, 진척 상황을 관리하는 시스템. 작업 데이터와 수확한 작물의 수량 및 품질 데이터를 축적·분석함으로써 비용을 절감하고 품질 좋은 쌀을 생산하는 것이 주요 목적임.
DENSO	Profarm	- 차량 탑재용, 가정용 에어컨 시스템 기술과 공장용 제어 기술을 응용, 농업 하우스용 환경 제어 시스템을 개발. 하우스 내의 온도, 습도, CO2농도를 최적 상태에 자동 제어하고 광합성을 촉진함.
NTT DOCOMO	PaddyWatch	- 니이가타시 농업 벤처기업인vegetalia, water-cell과 공동으로 대규모 벼 농사 농가에 논 농사용 센서와 연동한 클라우드 시스템의 실용 실험을 실시. 논의 수온과 수위의 데이터를 스마트 폰 등에서 원격 감시 가능
Hitachi Solutions East Japan	AgriSUITE	- 농업 생산과 판매의 정보를 웹상에서 일괄 관리시스템을 구축, 생산·물류·판매, 제조·가공 분야를 연계해 정보를 공유. 적절한 타이밍에 생산 상황, 판매 전망, 출하 상황을 서로 파악하고 수요와 연동해 생산 계획을 세움.
Kubota	KSAS (Kubota Smart	- 주로 벼 농사 농가를 대상. 센서를 탑재한 자사 콤바인과 연동해 수확시기에 쌀 맛의 기준이 되는 단백질

	Agricultural System)	과 수분의 함유량을 자동 측정
PS Solutions	e-kakashi	- 히타치 제작소와 공동 개발. 농작물 재배 데이터를 가시화하고 재배 방법을 제공. 2015년 10월 판매 개시
Farmnote	Farmnote	- 낙농·축산용의 데이터 관리 클라우드 시스템. 작업 일지 대신 현장에서 스마트 폰 등에 가축의 개체별로 성장 기록을 입력, 정보를 공유. 발정·분만 예정이나 개체 유량을 일괄 관리. 현재, 소의 개체 정보를 수집하는 가축용 웨어러블 기기를 개발 중

최근 일본 농가의 노동력 부족 문제를 농업용 수확 로봇이 노동력 부족 문제를 해결할 수 있는 새로운 대안으로 떠오르고 있다. 아이낙시스템(Inak System)은 후쿠오카현의 고급 딸기 품종인 '아마오우'를 상처내지 않고 자동으로 수확할 수 있는 농업용 로봇인 '로보츠미'를 개발했다. 아이낙시스템은 수확할 딸기와 남겨 둘 딸기 개체를 구별하는 인공지능 기술을 확보하기 위해 딸기 농장에서 촬영한 약 1만장의 동영상을 기반으로 로봇에게 딸기 분류 및 수확 판별 방법을 학습시켰다. '로보츠미'는 딸기의 색채를 판단해 수확할 시점의 딸기를 선택하고 수확한다. 일본경제신문 보도에 따르면 아이낙시스템은 2023년 3월경 이 로봇의 판매에 나설 계획이다. 로봇의 대당 가격은 200만엔선에서 결정될 것으로 보인다.

[그림 92] 아이낙시스템의 딸기 수확로봇

이나호(Inaho)도 자동 수확로봇으로 주목받고 있다. 이나호의 자동 야채 수확 로봇은 2019년 10월 9일 치바현에서 개최된 '차세대 엑스포'에 출품돼 농업인들의 주목을 받았다. 이나호는 2019년부터 자동 채소 수확 로봇을 RaaS(Robotics as a Service) 방식으로 제공하고 있다. 로봇의 렌탈료는 '작물의 시장거래가 X 수확 중량(운반할 때 로봇이 자동 측정한 값으로 집계)'의 일정 비율로 책정한다. 이나호의 로봇은 아스파라거스 수확에 활용되고 있다.

아스파라거스 수확 시에는 로봇의 팔 부분이 늘어나면서 손잡이가 아스파라거스의 아래쪽을 잡고 자른 뒤 로봇은 본체 위에 올려진 바구니로 아스파라거스를 운반한다. 이 과정에 걸리는 시간은 약 12초 정도다. 적외선 센서로 아스파라거스의 위치나 길이를 확인하고 인공지능(AI)을 이용한 화상 인식으로 특징을 감지해 잡초 등과 구별한다. 수확한 바구니가 가득 차면 휴대용 단말기로 정보를 전송한다.

이나호의 로봇은 채소 수확 작업에 필요한 일련의 작업이 모두 자동화돼 있는데, 설정한 루트의 자동 주행(야간 주행도 가능), 비닐하우스 사이의 이동, AI에 의한 수확 적기의 판별이 모두 가능하다.[30]

[그림 93] 이나호 아스파라거스 수확 로봇

---

30) 일본 농업의 대안으로 떠오른 수확 로봇/로봇신문

2) 국내 동향

 현대로템은 국내 최초 농업용 웨어러블 로봇을 상용화하였고 중·소규모 농가에 적용하는 웨어러블 로봇 기술도 개발중이다. 현대로템이 개발한 H-Frame은 지게의 메커니즘을 응용해 만든 웨어러블 로봇으로 무거운 물건을 들어 올려 이동하는 작업을 할 때 로봇에 부착된 로프를 작업물에 거치해 들어 올리는 구조로 어깨와 팔에 무리가 갈 수 있는 작업을 수월하게 지원한다.

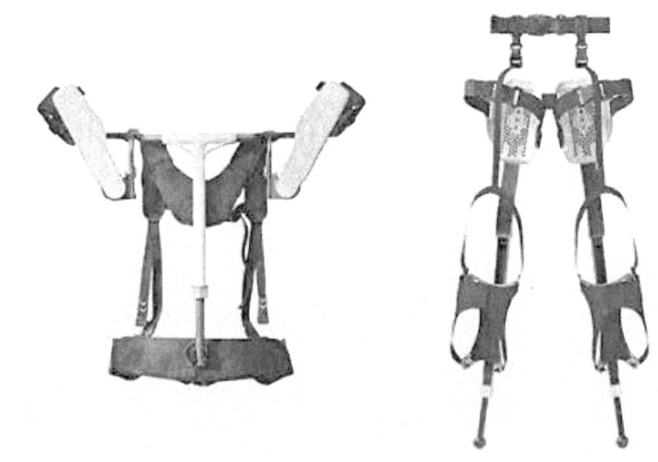

[그림 94] 현대로템의 농업용 웨어러블 로봇

 LS엠트로은 국내 최초 자율주행 Level 3이 적용된 '스마트랙'을 출기 했다. 초정말 위치 정보 시스템 'RTK-GNSS'를 통해 정지 상태에서 트랙터 위치 정밀도는 2cm 시 최대 오차 7cm 이내로 국내 최고 정밀도 작업을 비롯해 농작지가 좋은 한국형 농업에 적합한 K-Turn 경로 생성 알고리즘 등 탁월한 성능을 보인다.

 LG는 스마트팜과 자율주행 농기계 분야에 다양한 투자 및 개발을 했다. 5G 기술을 이용해 원격으로 트랙터를 조종하고 VR(증강현실) 기기로 트랙터를 진단하고 직접 수리할 수 있는 시스템으로 자율주행하도록 원격제어하는데 성공했다.

* 출처 : LG U+ 홈페이지

[그림 95] LG U+의 5G 기술이 들어간 자율주행 트랙터

다. 농업 로봇 시장 동향

1) 해외 동향

(단위 : 백만 달러, %)

구분	'20	'21	'22	'23	'24	'25	'26	CAGR ('20~'26)
세계시장	6,399	7,570	8,955	10,594	12,533	14,826	17,540	18.30

* 출처 : Global Agricultural Robots Market Report 2022: Technological Advancements in IoT, Robotics and Artificial Intelligence Accelerating Growth(ReserchandMarkets, 2022.08) 자료를 재구성하여 추산

[그림 96]

2021년 75억 7,000만 달러였던 지능형 농업 로봇의 세계 시장규모는 2026년에는 175억 4,000만 달러 규모로 증가할 것으로 전망된다.

농업 장비 시장은 탄소 배출과 환경 영향에 대한 인식이 높아짐에 따라 효율적인 에너지 소비와 친환경적인 기계에 대한 수요가 증가하고, 다양한 지역의 정부와 민간 조직은 농업 부문을 개혁하고 생산 관련 활동을 전환하기 위한 계획을 수립하였다.

'KfW' 독일 국영 투자 및 개발은행은 농업사업에서 에너지 효율성 조치와 저탄소 기술의 촉진을 지원하며, 노동력 부족으로 인해 농부들 사이에서 수확 기계의 채택률이 높아졌다.

아시아 태평양 지역은 예측 기간 동안 인도, 중국의 농산물에 대한 높은 수요로 인해 빠르게 성장할 전망이며, 개발 도상국은 토지, 수자원, 노동력이 줄어들면서 농장 기계화 수요 증가로 농장 기계화의 필요성이 높아졌다.

세계 인구는 2050년까지 90억 명을 넘어설 것을 예상에 따라 농부는 더 짧은 시간에 더 많은 농산물을 생산하는 데 지능형 농업 로봇 등을 사용할 전망이다.

농업 장비 시장은 유형별로(트랙터, 수확기, 토양 준비 및 경작, 관개 및 작물 가공, 농업 분무 장비, 건초 및 마초 기계 및 기타 농업 장비), 자동화에 따른 반자동 자동 장비로 분류 자동 및 반자동 농업 장비의 성장으로 인건비 및 노동력을 줄여 최소한의 노력으로 높은 수확량을 추구한다.

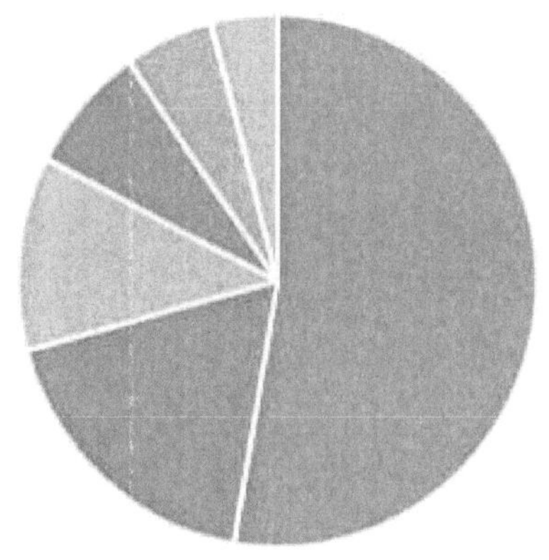

* 출처 : Global Market Insights 홈페이지 (2020)

[그림 97] 세계 농업 장비 분포도

2) 국내 동향

(단위 : 억 원, %)

구분	'20	'21	'22	'23	'24	'25	'26	CAGR ('20~'26)
국내시장	28,000	30,576	33,389	36,461	39,815	43,478	47,478	9.20

* 출처 : Verified Market Research, 2020, IP Next, 2020, KSIA 2021 자료를 재구성하여 추산

[그림 98] 지능형 농작업기 국내 시장규모 및 전망

지능형 농작업기 국내 시장규모는 2021년 3조 576억 원에서 연평균 9.20%로 성장하여 2026년 4조 7,478억 원으로 증가할 것으로 전망한다. 2020년 기준 5.4조 원 규모의 국내 스마트 농업 시장에서 지능형 농작업기 시장이 차지하는 비중은 50.85%로 시설농업 40.7%로 2.2조 원이며, 식물공장 7.4%로 0.4조 원으로 타 스카트노업 분야보다 규모가 크다.

농업 장미 수출에 있어서 기종별 실적을 보면 트랙터가 56.6% 차지, 연평균 8.6% 수출량이 증가할 전망이;다. 국내 농업 장비 수출은 2000년도까지만 해도 연간 수출 실적이 1억 달러가 되지 않은 작은 규모였으나 내수 위주의 공급정책을 수출 위주의 공급정책으로 전환하면서 매년 수출 실적이 급격히 증가하고 있다.

06. 의료서비스 로봇

6. 의료서비스 로봇[31]

가. 의료서비스 로봇 개요

의료서비스 로봇(Medical Service Robot)의 정의와 분류는 연구자에 따라 다양할 수 있으며, 국내에서는 관계부처 및 로봇협회에서도 지속적으로 논의 중인 사항으로 아직까지 명확한 기준은 제시되지 않았다.

의료서비스 로봇의 범위는 해외의 경우 시장의 크기, 수요를 고려하여 수술, 재활, 간호, 안내, 물류 등 핵심 기술 중심의 분류 체계를 적용하고 있으며, 국내의 경우 정확한 정의는 없으나 돌봄, 간호 등의 서비스행위 중심의 포괄적 범위로 접근하고 있다.

구분	개념
식품의약품안전평가원(2014)	기기와 환자의 상호작용이 있는 로봇
식품의약품안전처(2015)	로봇기술을 사용하는 의료용 기기 또는 시스템
지능형로봇표준포럼 의료로봇분과 위원회(2017)	의료기기로 사용하기 위한 로봇 또는 로봇장치

[표 18] 의료서비스 로봇 정의

한국과학기술기획평가원에서는 관련 문헌연구 및 전문가 자문을 통해 용어를 정의하고, 의료서비스행위의 목적 중심의 분류 체계를 설정했다. 이를 기준으로 살펴본 의료서비스 로봇은 의료 현장의 다양한 분야에 의료 목적의 고품질 서비스 행위를 인간을 대신하여 수행하는 로봇으로 정의하고, 기존의 의료기기(Medical Device) 또는 의료로봇(Medical Robot)보다 서비스로의 범위를 확장시켜 분류체계 설정했다.

수술로봇은 수술의 전 과정 또는 일부를 의사 대신 또는 함께 보조하는 기술로, 재활로봇은 환자/노약자/장애인 등의 치료/보조/돌봄 및 간호/간병하는 기술로, 보조서비스로봇은 사물을 대상으로 하는 의료 서비스행위인 물류 및 약재제조와, 원격진료 및 훈련을 통한 안전/호환성/성능/표준화 평가 기술로 정의되었다.

---

31) 의료서비스 로봇, 유형정, 도지훈, 한국과학기술기획평가원

행위목적	수혜자	운영자	장소	범위	정의
수술	환자	의사	의료시설	수술/수술보조로봇	침습[32]/비침습 수술의 전 과정 또는 일부를 의사 대신 또는 함께 작업 (영상가이드, 정밀 시술 등)
				신체삽입형 로봇	혈관, 경구 등을 통해 병소에 직접 다가가는 미소 크기의 로봇
재활	노약자, 장애인	간병/간호인/환자	복지시설, 가정	재활치료로봇	상/하지 재활치료 (웨어러블 기기)
				재활보조로봇	이동, 파지 등 일상 생활보조용 휠체어로봇, 웨어러블 보행기 등
				간병로봇	간호/간병/돌봄, 의료 목적의 정서적/사회적 기능 및 다양한 피드백 행위를 제공
보조 서비스	사물, 환자, 의사, 약사	의사, 약사, 간호/간병인	의료/복지/연구시설	물류로봇	지능형 배송 및 운반
				약재처리	클린 멸균, 항암약조제 등
				원격진료	원격으로 의사의 진료/상담 및 처방 등 행위를 대신 수행하는 로봇
				연습/평가	가상 그래픽, 햅틱[33] 장치 등을 활용한 훈련 또는 안전/호환성/성능/표준화 평가

[표 19] 의료서비스 로봇 기술의 범위

---

32) 기구가 피부를 뚫고 들어가며 발생하는 생체에 대한 상해
33) 가상공간에서 촉감을 느낄 수 있게 하는 것

나. 의료서비스 로봇 기술 동향

1) 해외 동향

가) 수술 로봇

현재 수술로봇은 인간의 한계를 넘어서는 고정밀도·고난이도의 기술이 요구되어 자동화, 스마트화, 최소침습 관련 기술이 개발되고 있다.

(1) 미국

미국의 경우 다빈치(da Vinch) 수술로봇을 선두로 수술상처가 여러 곳인 멀티 포트(multi port) 방식에서 하나인 단일 포트(single port)위주의 기술이 개발되고 있으며, 최소침습[34] 및 마이크로 수술을 위한 초소형 신체삽입형 로봇연구도 수행되고 있다.

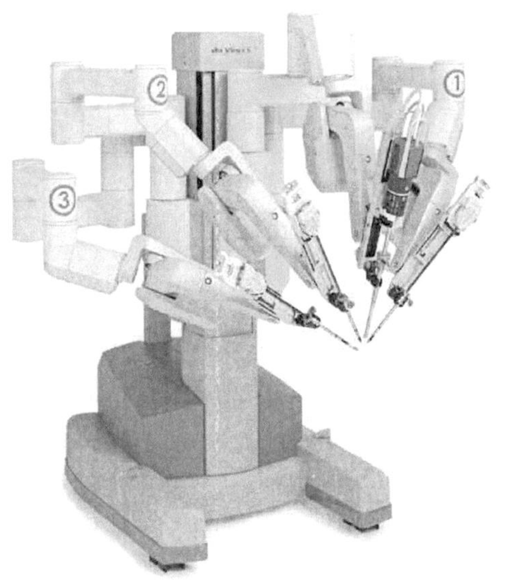

[그림 100] 다빈치 로봇

미국에서는 인튜이티브서지컬(Intuitive Surgical)사의 다빈치 수술로봇을 이용한 수술이 '00년에 FDA에 의해 처음 승인된 이후, 미국에서 시행되고 있는 수술의 약 82%가 로봇 수술을 통해 진행되고 있다.

---

34) 개복과 같은 큰 절개 없이 주사바늘 정도의 최소 절개만으로 시술 통로를 확보한 뒤 영상을 보면서 미세한 수술 도구를 이용해 치료하는 시술

특히 다빈치 복강경 수술 로봇은 서전 콘솔(로봇팔 및 내시경), 페이션트 카트(멀티 로봇 보조 장치) 및 비전 시스템(모니터) 3개로 구성되어 있으며, 2,501개의 미국 병원이 한 개 이상의 시스템을 보유하고 있다.

미국 메드트로닉 PLC(public limited company)사는 17억 달러(약 2조원) 규모의 '마조 로보틱스(Mazor Robotics)'를 인수한 이후 2018년 12월에 '마조X 스텔스 척추 수술 시스템'을 출시했다.

[그림 101] 메드트로닉

마조X 스텔스는 마조 로보틱스의 로봇 유도 시스템 기술과 메드트로닉의 스텔스스테이션(StealthStation) 외과용 탐색 기술을 결합하여 매출을 성장시킬 것으로 기대되고 있다.

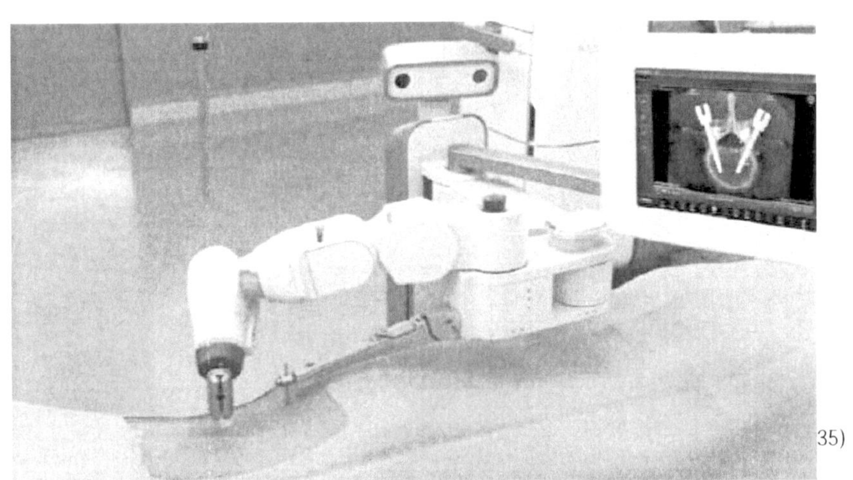

[그림 102] 마조X 스텔스

또한, 메드트로닉 PLC는 칼 스토즈(Karl Storz) SE&Co사와 제휴하여 3차원 비전 시스템과 선도적인 3D 시각화 기술을 수술로봇 시스템에 통합하는 계획을 발표했으며, 이를 선보일 예정이다.

---

35) 로봇신문사

(2) 독일

독일은 수술 로봇이 투입되어야 하는 목표점에 신속·정확하게 도달가능하게 하면서
주요 경로 주변에 위치한 위험 조직과 최소 충돌하는 최적경로 연구를 수행하고 있
다.

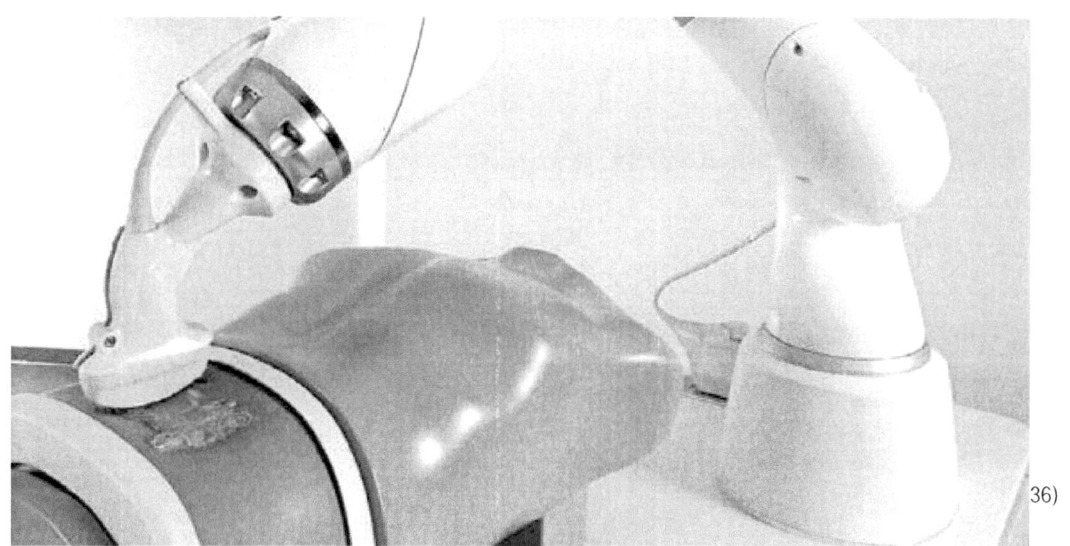

[그림 103] KUKA

산업용 로봇 제조사 쿠카(KUKA)는 원격의료로봇을 출시했는데, 쿠카의 원격 운영이
가능한 의료용 로봇 'LBR 메드(Med)'는 2017년 9월 출시되었으며, 7축 다관절 로봇
의 관절에 고정밀 토크 센서와 초음파 방출 프로브가 장착되어 있다.

[그림 104] LBR 메드

LBR 메드는 원격 의료 서비스를 제공하며 다양한 도구를 부착하여, 원격 조작, 밀리
미터(mm) 단위 조작 등이 가능하여 내시경, 최소침습 및 심장시술에 활용이 용이하
다.

---

36) 로봇신문사

(3) 일본

일본의 동경대 로봇연구그룹은 수술용 로봇의 범용화를 목적으로 조작성능 향상과 의사의 손기술로는 수술이 매우 어려운 초미세 수술기술 개발을 수행하고, 연조직 대응, 경조직 대응 및 혈관내부 치료용 마이크로로봇 등 3개의 플랫폼을 제안한 바 있다.

산업용 로봇 업체인 가와사키는 2020년 3월 수술 보조 로봇을 출시했고, 의료용 로봇공장 설립을 고려하고 있다. 또한, 가와사키는 테스트 및 진단 장비 제조업체인 시스멕스(Sysmex)와 손잡고 합작사 메디케로이드 (Medicaroid)를 설립하여, 의료·헬스 분야 로봇제품을 개발하고 있다.

(4) 중국

중국은 암 수술이나 안과 질환 등에 군집 나노 로봇을 보내 약을 전달하거나 종양을 제거하는 목적으로 인공 마이크로 군집 로봇을 제어하는 기술을 개발하고 있다.

나) 재활 로봇

재활로봇은 건강관리에 로봇 제어기술이 접목된 생활보조 로봇보다 환자 및 고령자의 치료재활분야 위주의 다양한 기술이 개발되고 있다.

(1) 미국

미국의 경우 미국국립보건원(NIH)을 중심으로 이동 및 생활지원, 신체기능 대체, 재활훈련 등 전 분야에 걸쳐 연구개발이 이루어지고 있으며 다수의 제품의 상용화 연구개발이 함께 수행되고 있다.

[그림 105] INF 로보틱스

스타트업인 INF 로보틱스는 노인이나 상이군인을 도와주는 간병 및 원격 의료 로봇을 개발하여 2019년 중 시판했다. INF 로보틱스의 간병용 로봇 '루디'는 급약 시간

안내 및 물류이동, 의사/요양보호사와 원격 의료 상담서비스 기능 및 게임과 같은 친교를 나눌 수 있는 사회적 기능도 제공하고 있다.

[그림 106] 루디

재활치료 상지재활로봇 회사 IMT(Interactive Motion Technologies Inc.)은 뇌졸중 후유증으로 고생하고 있는 환자들을 대상으로 IMT 재활로봇 훈련을 진행하고 있다.

(2) 독일

독일은 미리 정해진 궤적을 따라 움직이는 트레드밀 형태 말단 장치[38] 보행재활로봇, 착용형 외골격(exoskeleton) 보행재활로봇, 손/팔 재활용 상지(어깨와 손목 사이 신체부위)훈련로봇, 균형재활장치 등 치료영역에 집중하여 단순화·저렴화 제품을 위한 기술을 지속적으로 개발하고 있다.

독일의 모토메드(MOTOmed), 갈릴레오(Galileo), 레카콤(RehaCom) 등 거동제한 환자들을 돕는 보행기형 로봇을 주로 선보이고 있다. 모토메드에서는 마비환자용 강직 치료기를, 갈릴레오에서는 근육감소증 예방치료를 위한 전신교차진동운동치료기구를, 레카콤에서는 전산화 인지재활 평가치료시스템 등의 제품을 판매하고 있다.

(3) 일본

일본의 동경대에서는 수동 휠체어에 낮은 높이의 장애물을 자동으로 넘는 보조 시스템 등 ICT·로봇 기술 등을 융합시켜 안정성·신뢰성을 향상시키는 기술을 발표했다.

---

37) 로봇신문사
38) End-effector, 로봇이 작업을 할 수 있도록 기계 접속이 가능한 로봇의 끝부분

일본은 노령 인구와 노인 간호에 대한 필요성이 높아지면서 이를 만족할 수 있는 이동보조·간호 등을 대신할 로봇의 역할에 주목하고 있다.

 산업용 로봇 및 서보 모터 업체인 야스카와 전기는 의료 및 재활 분야 사업을 크게 강화할 목적을 가지고 있으며, 발목 움직임이 어렵고 뇌졸중을 겪은 사람들의 상지 재활에 도움이 되는 이동보조로봇 '코코로AAD'와 '코코로AR2'를 판매하고 있다. 또한, 보행 지원 및 상지 재활용 웨어러블 로봇시장을 본격공략하기 위해, 2025년까지 의료 및 간호 분야 100억엔 매출을 목표로 향후 3가지 모델을 추가할 계획이다.

(4) 중국

 중국의 경우 외골격 로봇의 단순동작 반복 시 실시간 제어 기술, 3D 프린팅 기술을 이용한 환자 맞춤형 웨어러블 기기 제작 등의 연구를 수행하고 있다.

 중국에서는 높은 기술력을 가진 기업의 투자가 확대되고 있는 추세로, 전세계 재활 로봇 시장 점유율이 42%로 가장 높다. 2016년 9월 설립된 재활로봇 기업 마일봇(MileBot)은 로봇과 사물인터넷(IoT), 빅데이터 등 기술을 접목하여 스마트 재활 시스템 개발에 주력하고 있다.

 마일봇의 반신불수 환자를 위한 외골격 로봇 '베어(BEAR) H1'은 이미 임상 테스트 단계에 도달해 있으며, 인간-기계 인터페이스를 통한 솔루션 창출 계획을 수립하고 있다.

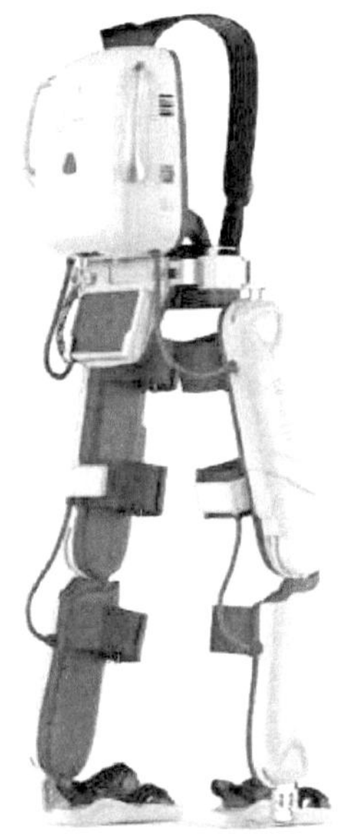

39)

[그림 107] 베어(BEAR) H1

다) 보조 서비스 로봇

보조 서비스 로봇은 반복적·노동집약적 업무를 위한 물류/약재처리 로봇, 가상 현실 기술 활용 훈련/평가 및 원격진료·진단 기술 등이 개발되었다.

(1) 미국

미국 오쏘 VR(Osso VR)의 VR 수술 훈련 플랫폼에는 공인된 외과 수술 훈련을 위해 4K 해상도/360도 몰입식 가상현실 기술이 활용되고 있다.

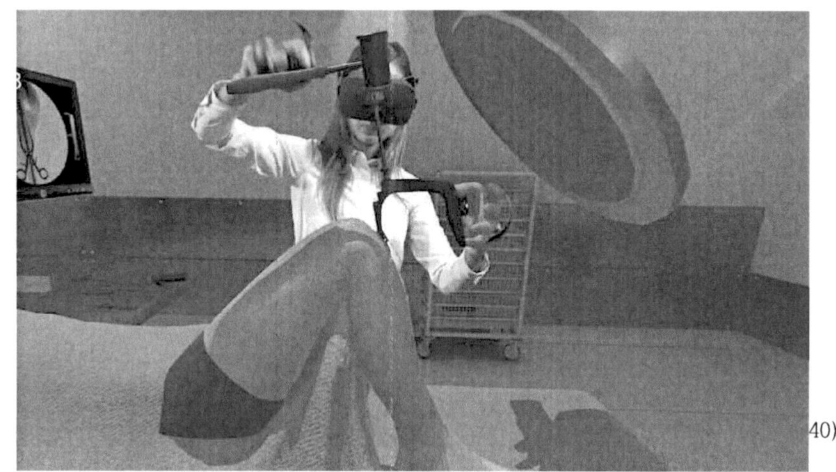

[그림 108] 오쏘 VR

미국에서는 조제·물류 등 많은 부분에서 로봇이 활용되고 있으며, 약 조제 로봇은 2015년 기준 병원·약국 조제업무의 97%를 담당하고 있다. 약 조제 로봇은 자동으로 소모 재료를 검측, 정확한 조제 상황을 파악하고 처방상황에 대한 재심사, 처방 정보 업그레이드, 약물 교차 오염 방지 기능을 수행하고 있다.

커비레스터(Kirby Lester)는 처방전을 바코드로 인식한 후 정확·신속하게 약을 조제하여 봉지에 채우면, 약사가 확인 후 밀봉하는 협업형태 로봇이며, 애톤(Aethon)사의 병원용 물류로봇 TUG는 미국 140개 이상의 병원에 도입되어 운영 중이며, 혈액, 약품, 식사, 쓰레기 운반 등 매주 5만건 이상의 운반 업무를 수행하고 있다.

---

39) 로봇신문사
40) "기술이 해법"… 뉴캐슬 의과대학의 VR 기술 활용법/CIO Korea

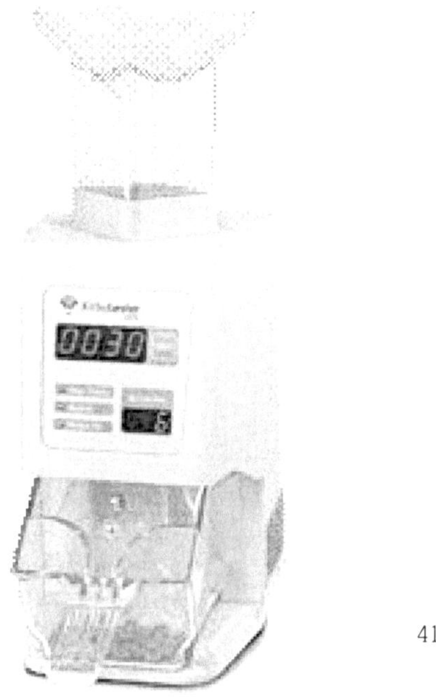

41)

[그림 109] Kirby Lester

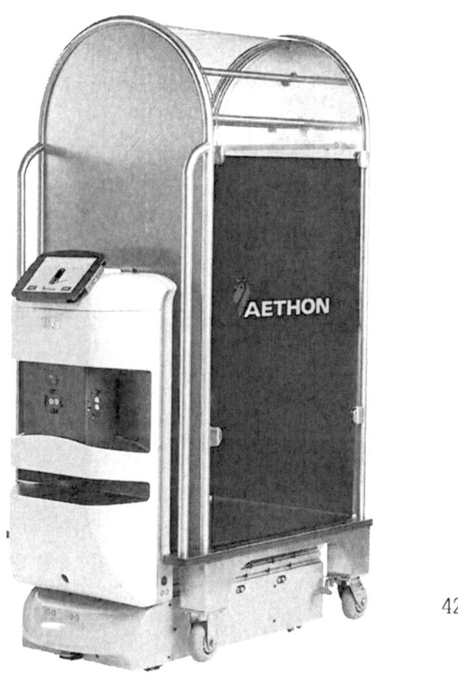

42)

[그림 110] TUG

---

41) kirby Lester 홈페이지
42) Aethon 홈페이지

(2) 일본

일본의 파나소닉 자율운반 로봇 HOSPI-R은 병원 내 물류운반에 이미 적용중이며, 자동문 및 엘리베이터 연동 자율주행, 물품인식, 인간협업 기술을 융합하는 추세이다.

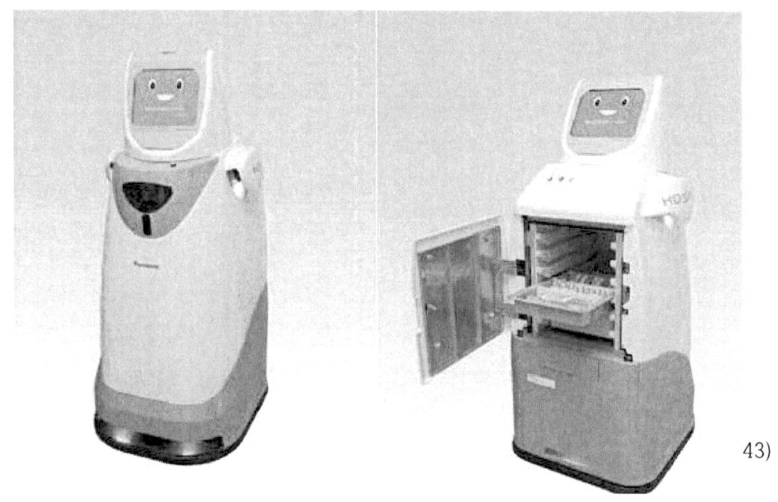

[그림 111] HOSPI-R

(3) 중국

중국은 의약 조제 시간 단축을 위한 의약 클라우드 시스템 및 의약조제 로봇, 환자 상태 실시간 관리를 위한 원격 진료 리빈(Lepion) 로봇 개발 및 병원과 협업연구를 진행하고 있다.

2) 국내 동향

가) 수술 로봇

국내 수술로봇은 미세부위 수술이 가능한 원격 카테터(Catheter)[44] 기술이 최근 개발되었으며, 신체 삽입이 가능한 의료용 마이크로로봇도 활발히 연구되고 있다.

한국과학기술연구원(KIST)은 미세수술 로봇 '닥터 허준'(Dr. Hujoon)을 개발하여 수차례 전임상 동물 실험을 성공시켰으며, 고도화 및 안정화시킨 로봇 시스템으로 사체

---

43) HOSPI-R drug delivery robot frees nurses to do more important work, New Atlas,
44) 신체 삽입 후 내용액의 배출 측정이 가능한 고무 또는 금속제의 가는 관

(카데바)를 이용한 전임상 시험에 성공했다.

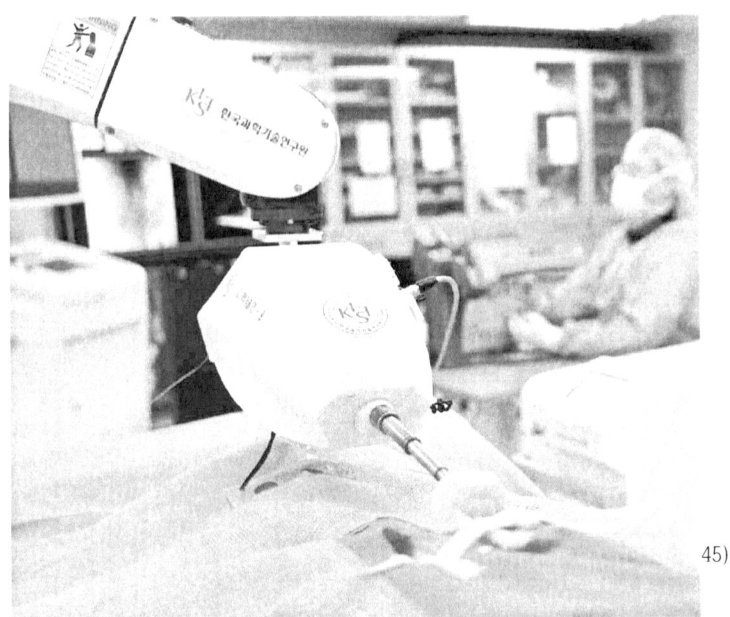

[그림 112] 닥터 허준

 닥터 허준은 로봇 팔에 장착된 직경 3mm 카테터를 6 자유도(Degree of Freedom, DOF) 햅틱 마스터 장치를 사용한 원격 구동으로 경막 외 공간 내에 삽입 및 조향하는 로봇 시스템으로, 시술 중 2차원 영상을 카테터의 3차원 위치로 계산해 집도의에게 제공하는 가상현실(VR) 내비게이션 시스템도 구현되어 있다.

 신체삽입이 가능한 마이크로의료로봇 분야는 한국이 가장 활발히 연구하고 있으며, 미국 FDA인증을 받은 캡슐내시경, 세계최초로 개발된 혈관치료 마이크로로봇, 암 치료용 박테리아 로봇, 이탈리아에 기술 이전된 대장내시경로봇, 최근 미국 스타트업에 기술 이전된 줄기세포마이크로로봇 등이 있다.

 대구경북과학기술원(DGIST)은 다양한 체내외 환경에서 줄기세포를 정밀하게 전달하고 이식할 수 있는 미세전자기계시스템(Micro Electro Mechanical Systems; MEMS) 기술을 이용한 마이크로로봇을 개발했다. 이는 3차원 레이저 리소그라퍼 공정을 통해 마이크로(1μm=10-6m)사이즈의 초미세 3D 구조물을 구현하고, 외부 무선 자기장을 이용하여 체내에서 구동이 가능하며, 정확한 양의 줄기세포 기반 치료세포를 신체조직 및 장기에 정밀하게 이식할 수 있어 퇴행성 신경계질환 치료 효율과 안전성을 높일 것으로 기대된다.

---

45) 인공지능 신문

  국내에서는 중소기업 위주의 글로벌 경쟁력 있는 다수 제품들이 개발·판매되었으며, 다양한 제품이 임상시험 및 품목허가 취득을 진행중이다.

  의료로봇 전문기업 큐렉소는 국내 18개 병원에서 사용중인 액티브 수술로봇 '로보닥', 그 차기 버전인 인공관절 수술로봇 '티솔루션원'을 출시하였고 척추수술 등 정형외과 용도의 '큐비스 조인트'로봇을 출시하였다.

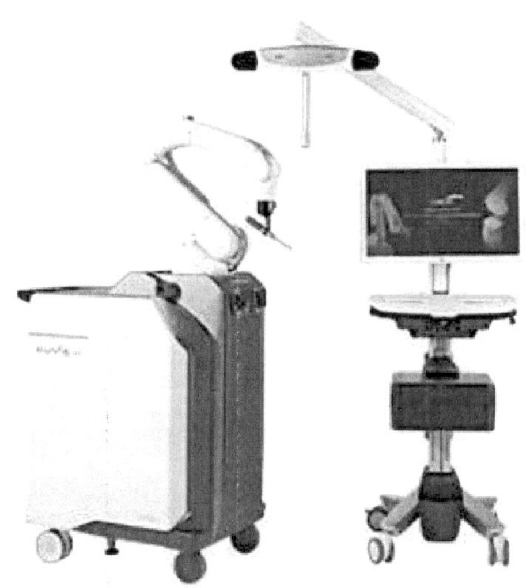

[그림 113] 큐렉소 '큐비스 조인트'

  디스플레이 제조장비업체인 미래컴퍼니는 2017년 8월 국내 최초로 개발한 복강경 수술로봇 '레보아이 (Revo-i)'의 식약처 허가를 받았다. 레보아이는 환자 몸에 최소한의 절개를 한 후 4개의 로봇 팔을 몸속에 삽입해 의사가 3차원 영상을 보며 절개·절단·봉합 수술이 가능하며, 미국 다빈치에 이어 전 세계에서 두 번째로 내시경수술에 사용할 수 있도록 허가받은 제품이다.

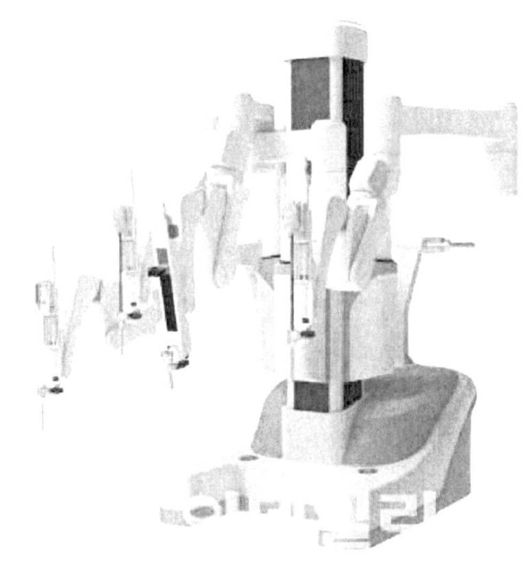

[그림 114] 미래컴퍼니 '레보아이'

　KAIST 교원 창업기업 이지엔도서지컬에서 개발한 유연내시경 수술로봇 케이플렉스 (K-FLEX)는 2018년 6월 영국에서 개최된 '서지컬 로봇 챌린지'에서 우승을 차지했다. 케이플렉스는 식도, 요도, 항문 등 인체의 구멍으로 부드럽게 들어갈 수 있고 병변 제거시 초소형 로봇팔이 나와 수술을 시행하는 제품으로, 2008년부터 5년간 한국연구재단(NRF) 지원 하에 순수 국내기술로 개발했다.

[그림 115] 케이 플렉스

고영테크놀러지가 개발한 뇌수술 보조 의료로봇 '카이메로'가 세브란스병원 도입 이후 본격적인 성과를 내고 있다. 카이메로는 2011년 산업통상자원부의 로봇산업 원천기술 개발사업을 계기로 처음 개발에 착수, 2016년 말 국내 식품의약품안전처로부터 제조 및 판매허가를 획득한 후 2년간의 국내 임상 시험을 마치고 실제 병원에 설치됐다.

2020년 10월 처음으로 세브란스병원에 도입된 이후 2021년 4월 국내 최초로 뇌전증 수술에 필수적인 뇌전증 발생 부위 확정을 위한 입체뇌파전극삽입술(이후 로봇보조 뇌전증수술)에 성공했으며, 국내 대형병원들을 중심으로 착실하게 트랙레코드를 쌓고 있다.

2022년 4월 기준으로 세브란스병원에서 카이메로를 이용한 뇌수술은 총 누적 100건 이상으로 이 중 로봇보조 뇌전증수술은 20건 이상 수행됐으며, 그동안 인프라와 장비가 부족해 수술을 받을 수 없거나 장시간 대기하던 많은 뇌전증 환자들에게 도움이 되고 있다. 이는 로봇수술이 도입되기 이전에는 로봇보조 뇌전증수술이 거의 시행되지 못했던 것을 감안하면 뇌전증 치료에 있어서 의미 있는 성과이다.

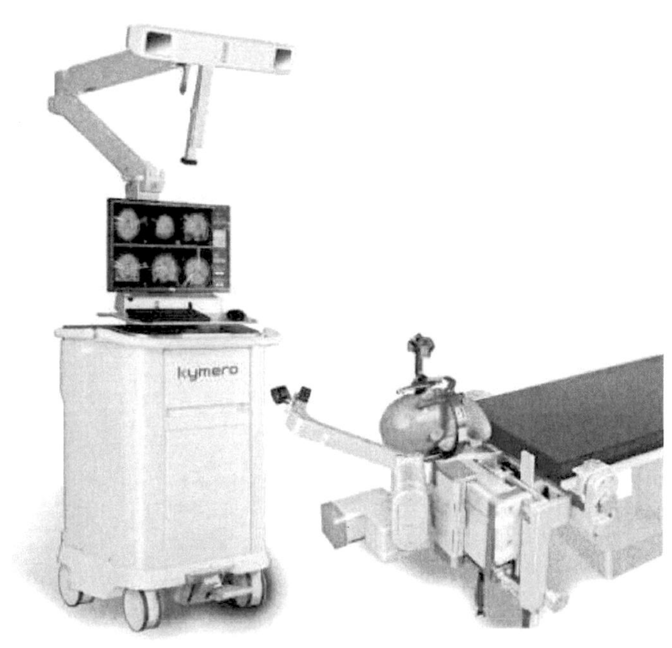

[그림 116] 고영테크놀로지 '카이메로'

나) 재활로봇

국내에서는 일상생활 간병/돌봄분야(이승, 식사, 배설, 욕창예방 등) 로봇과 재활 치료/보조용 외골격 로봇 연구가 활발히 진행되고 있다.

산업부 '돌봄로봇공통제품기술개발' 사업에서 일상생활 간병로봇의 상용화 제품 개발 연구를 수행하며, 다양한 현장실증 및 안전성 검증 등을 위해 복지부의 '돌봄로봇 중개연구 및 서비스 모델' 사업과 협업하여 추진하고 있다.

국립재활원은 재활로봇 연구용 테스트베드·인프라인 '로봇짐(Robot Gym)'을 운영하며, 2019년부터 다기관 임상연구, 근력강화 운동로봇, 가정용·보급형 재활로봇, 인허가 안전성 시험검사 지원 및 임상기능측정평가 연구를 추진하고 있다.

국내에서 재활로봇은 외골격로봇 및 하지보행 보조 로봇 위주로 주로 연구되고 있으며, 재활 및 보행 보조 연구는 주로 임상에서 치료사에 의하여 행해지고 있는 치료를 로봇으로 단순 모사하는 것으로, 난이도가 낮은 단계 연구가 활발한 상태다.

현재 국내에서는 다양한 중소기업이 제품을 개발하는 가운데, 착용형 웨어러블 로봇 및 발판형 보조운동 제품을 시장에 선보이고 있다.

엑소아틀레트아시아는 의료재활 치료용 웨어러블 로봇 '이에이엠(EAM)'을 국내 최초로 개발하고 2018년 8월 식약처 의료기기 인증을 처음으로 완료했다. 이는 병원 공급, 임상시험, 수가 책정 등 실제 의료 현장에 활용되기 위한 전제 조건을 통과한 것으로 정책연구, 임상시험을 통해 정확한 의료 효과 검증이 예상된다.

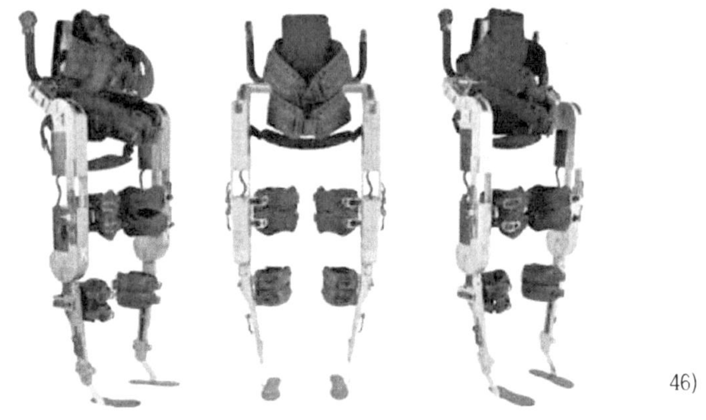

46)

[그림 117] 이에이엠

---

46) 헬스앤라이프

　큐렉소는 발판기반형 보행재활로봇 '모닝워크'를 출시한바 있으며, 가상현실 SW를 치료에 적용함으로 훈련의욕을 높이고 집중도 향상이 가능하다는 것이 특징이다. 모닝워크는 기존 로봇보조 정형용 운동장치의 불편함을 최소화하고 착석형 체중지지 시스템과 발판기반형 보행 재활 로봇 시스템을 적용해 환자의 빠른 회복을 돕는 차세대 보행재활로봇으로 2022년 2월부터 뇌졸중 환자를 대상으로 한 보행 재활치료 시 선별 급여가 신설됐다. 이는 임상적인 효과를 인정받게 된 것으로 국내 상급병원을 비롯하여 재활전문병원에서의 수요 증가 및 구매 결정으로 이어지고 있다. 이러한 결과로 모닝워크는 2020년 7대, 2021년 3대에 이어 선별 급여가 적용된 2022년에는 18대의 판매 실적을 기록했다.[47]

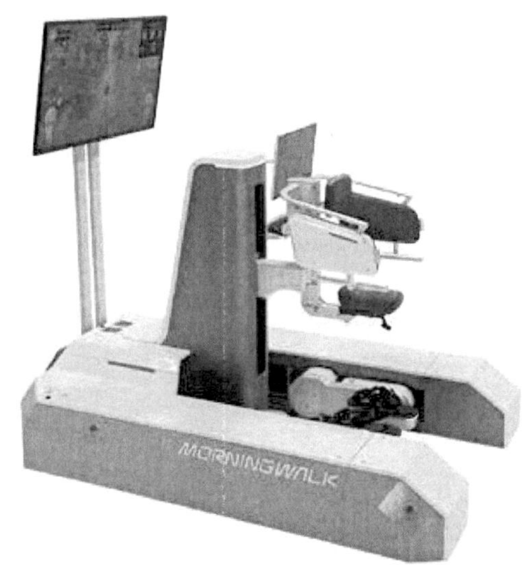

[그림 118]　큐렉소 '모닝워크 S200'

　피앤에스미캐닉스는 2012년 의료용 로봇보조 정형용 운동장치인 '워크봇(WALKBOT)'을 개발하였다. 이후 현재 피앤에스미캐닉스는 세계 1위 보행재활로봇기업인 스위스 호코마를 제쳤다. 워크봇은 중국 인도 아랍에미리트 스페인 등 9개국에 진출했으며 전체 매출에서 수출이 차지하는 비중이 70%이다.

---

47) 큐렉소 보행재활로봇 '모닝워크', 미국 '물리치료사협회 APTA 2023' 참가/메디케이트뉴스

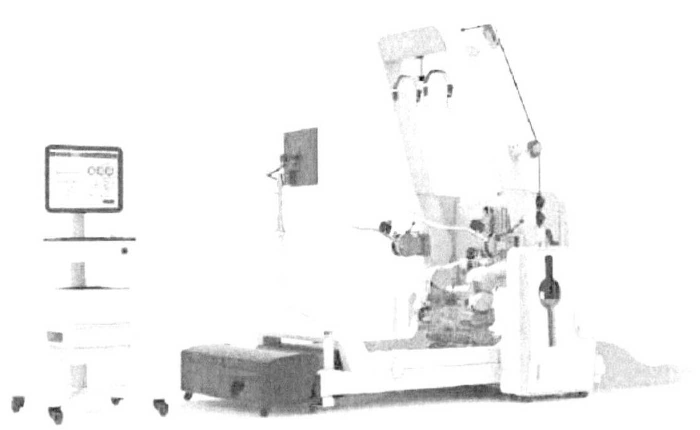

[그림 119] 피앤에스미캐닉스 '워크봇'

워크봇은 하지에 착용하는 로봇과 트레드밀, 체중 지지부로 구성되어 있으며 세계
최초로 로봇부 발목관절 구동을 구현하여, 움직임을 보다 정확하고 자연스럽게 보조
하며 훈련 중 발생할 수 있는 발끌림 현상 방지가 가능하다. 성인용 보행 재활로봇
'워크봇-S', 어린이 전용 보행재활로봇 '워크봇-K', 워크봇-S와 워크봇-K 호환 모듈
을 제공하는 '워크봇-G' 등이 출시되어있다.

㈜티로보틱스는 로봇보조 정형용 운동장치 '힐봇(Healbot) T'의 임상시험계획 식약
처 승인을 2018년 12월에 받은 후, 서울아산병원 주관으로 임상시험을 수행하고 있
다. 이는 뇌혈관 순환장애로 의식이 없거나 신체가 마비되는 뇌혈관 질환 환자 중 독
립보행이나 보조적인 도움으로 보행이 가능한 환자를 대상으로, 보행능력에 로봇을
이용한 보행 재활이 미치는 효과를 확인하는 것을 목표로 하고 있다.

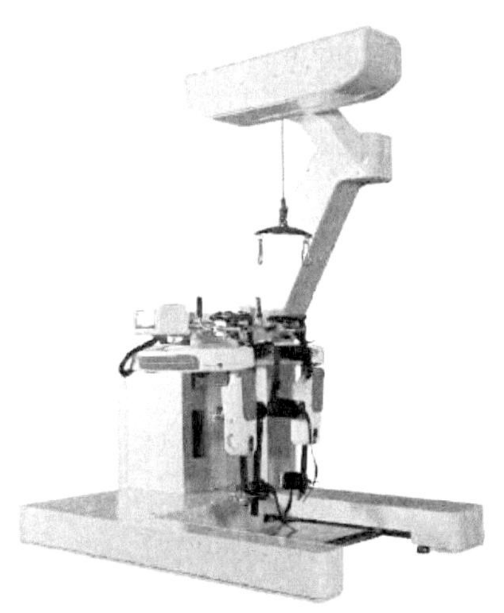

[그림 120] 티로보틱스 '힐봇 T'

삼성은 모터를 이용하여 웨어러블 자의 보행을 보조하는 GEMS를 개발하였으며 국내 최초로 국제 표준 ISO13482(robots and robotic devices-Safety requirements for personal care robots) 인증을 취득하였으나 아직 상용화되지 않았다.

현대로템은 조끼형 웨어러블 로봇(VIEX)과 의자형 웨어러블 로봇(CEX)을 개발하였으며, 작업자의 근골격계 질환을 줄이기 위해 2021년부터 국내 최초로 산업현장(기아자동차 조립 공정)에 도입하였다.

이 외에도 헥사시스템즈, NT로봇, 엔젤로보틱스, 엑소바이오닉스, 현대로템 등 많은 기업이 상/하지 재활, 보행보조, 완전/편마비 환자용 웨어러블 로봇 등을 선보이고 있다.

웨어러블 로봇은 신체에 직접 체결되어 착용자의 동작을 구속하는 본질적 특성으로, 제품의 안전과 효능에 대한 객관적이고 누적된 데이터가 확보되지 못해 본격적인 시장 진입에 어려움을 겪고 있다.[48]

다) 보조서비스 로봇

보조 서비스 로봇은 물류로봇의 기능개선과 영상진단보조AI 및 의료용 로봇의 식품의약품안전처 의료기기 임상시험 승인 등 연구의 다변화가 이루어지고 있다.

사용 중인 병원물류용 자율운반 로봇에 약재처리 및 원격진료기능과 무선주파수를 활용한 환자 체온측정 기능 등 로봇의 ICT기술 융합이 추세이며, 인공지능(AI)이 적용된 진단보조 소프트웨어(의료영상검출보조소프트웨어, 의료영상진단보조 소프트웨어 등) 및 재활용 로봇(로봇보조정형용운동장치) 임상시험의 경우 2017년 대비 2배가 증가했다.

구분	2016	2017	2018	2019	2020
인공지능(AI) 임상시험	0	3	6[49]	17	11

[표 20] 연도별 임상시험 승인 현황(2016~2020)

보조 서비스 로봇의 경우 기존 로봇 업체가 병원에서 요구되는 조제 및 운반 로봇

---

48) 중소기업 전략기술 로드맵 지능형로봇 2023-2025
49) 의료영상검출보조소프트웨어 3, 의료영상진단보조소프트웨어 3

등 분야에도 확장하여 제품을 출시하고 있다.

2003년 설립된 크레템은 병원 약국 조제 자동화 로봇을 개발, 유럽 28개국을 포함해 북미와 중국 등 주요 국가에 현재까지 3,500여대의 자동 조제기를 판매하고 있다. 크레템은 약품의 형상과 관계없이 자동으로 조제기술을 세계 최초로 개발하고, 해외 기업과 협업하여 약국 자동화 시스템과 주사제 조제 시스템(PIVAS) 개발을 추진하고 있다.

유진로봇은 2017년 7월 환경 연동 및 사용자 식별이 가능한 저하중/고하중 병원 물류로봇 고카트(Gocart)를 출시하였고, 평창올림픽, CES 2019 등에 참가하였다. 고카트에는 독자적으로 개발한 자율주행 솔루션이 탑재되어 정확한 공간 분석 후 목적지로 스스로 물건을 배송하며, 현재 라이다(LiDAR) 센서 성능을 자체 개선했다.

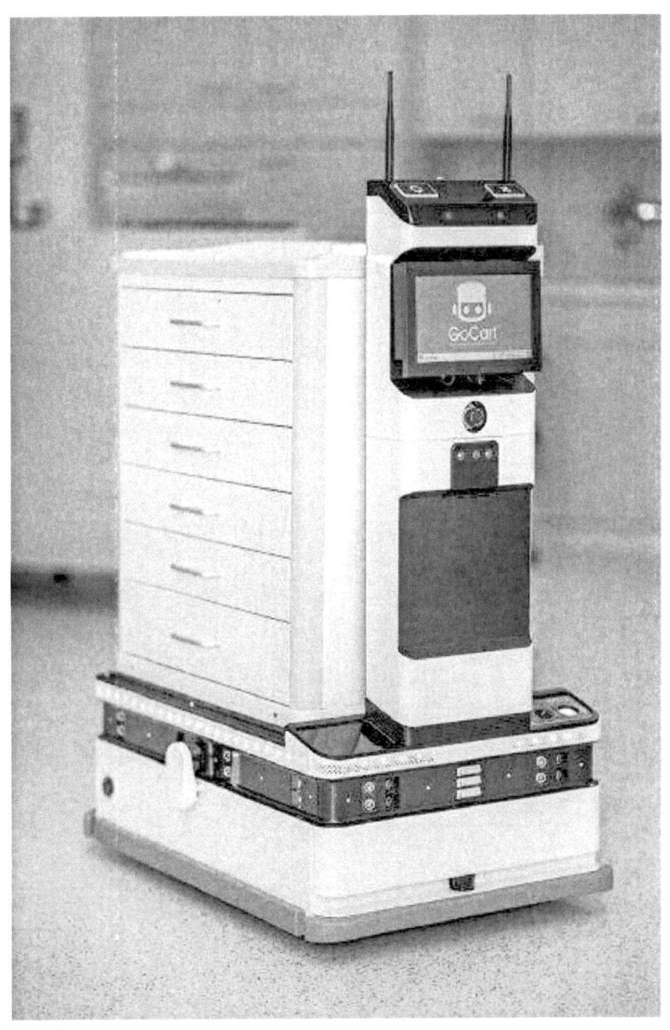

[그림 121] 고카트 120

다. 의료서비스 로봇 시장 동향[50]

1) 해외

전 세계 의료용 로봇 시장은 2020년 59억 1,000만 달러에서 연평균 성장률 16.5%로 증가하여,2025년에는 127억달러에 이를 것으로 전망된다.

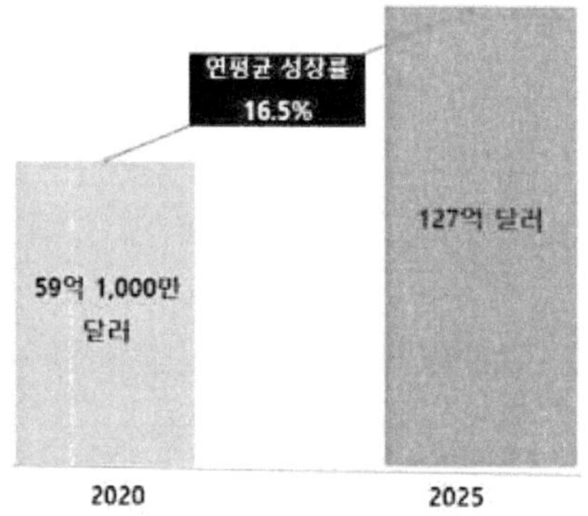

※ 출처 : MarketsandMarkets, Medical Robots Market, 2020

[그림 122] 글로벌 의료용 로봇 시장 규모 및 전망

선 세계 수술용 로봇 시장은 2021년 63억 6,700만 달러에서 연평균 성장률 10.2%로 증가하여,2031년에는 167억7,450만달러에 이를 것으로 전망된다.

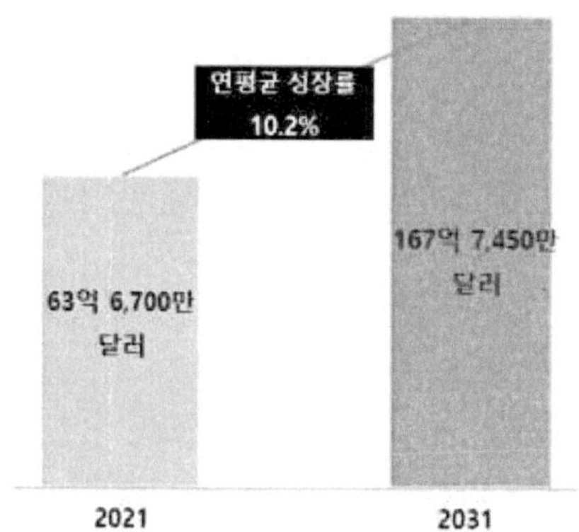

※ 출처 : BIS Research Inc, Global Surgical Robotics Market, 2021

[그림 123] 글로벌 수술용 로봇 시장 규모 및 전망

---

50) 의료용 로봇 시장/연구개발특구진흥재단

전 세계 의료용 로봇 시장은 제품 및 서비스에 따라 장비 부속품, 로봇 시스템, 서비스로 분류된다. 장비 부속품은 2020년 27억 6,730만 달러에서 연평균 성장률 18.5%로 증가하여, 2025년에는 64억5,510만달러에 이를 것으로 전망된다.

(단위: 백만 달러)

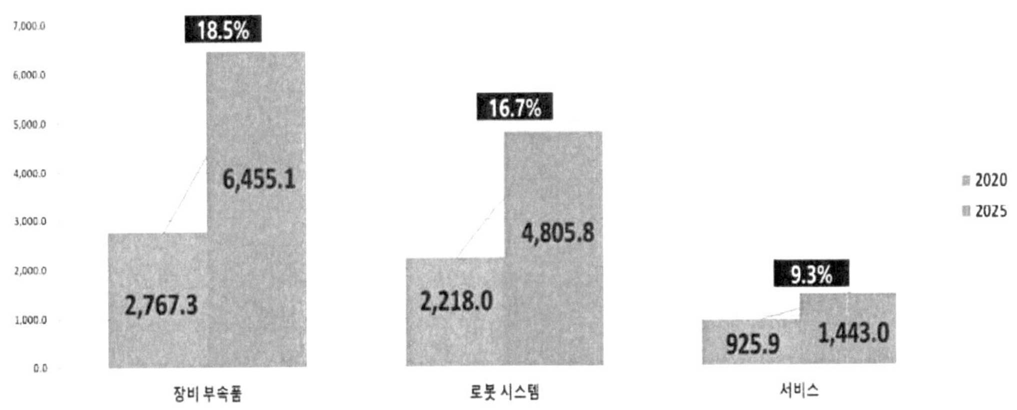

※ 출처 : MarketsandMarkets, Medical Robots Market, 2020

[그림 124] 글로벌 의료용 로봇 시장의 제품 및 서비스별 시장 규모 및 전망

전 세계 의료용 로봇 시장은 로봇 시스템 유형에 따라 수술용 로봇 시스템, 병원 및 약국용 로봇 시스템, 재활 로봇 시스템, 비침습 방사선 수술용 로봇 시스템, 기타 로봇 시스템으로 분류된다. 수술용 로봇 시스템은 2020년 16억 2,390만 달러에서 2025년에는 37억 380만 달러로 연평균 성장률 17.9%로 가장 많이 증가할 것으로 전망된다.

(단위: 백만 달러)

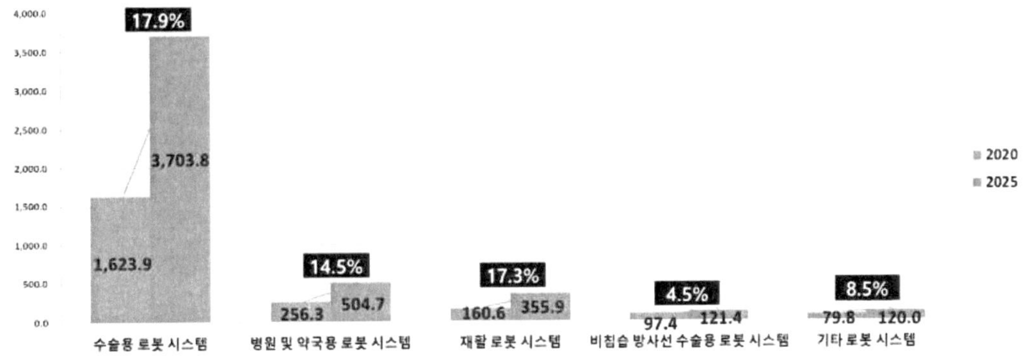

※ 출처 : MarketsandMarkets, Medical Robots Market, 2020

[그림 125] 글로벌 의료용 로봇 시장의 로봇 시스템 유형별 시장 규모 및 전망

전세계 의료용 로봇 시장은 용도에 따라 복강경 검사, 정형, 약국, 재활, 체외 조사 요법, 신경외과,기타 용도로 분류된다. 복강경 검사는 2020년 44억 6,710만 달러에서 연평균 성장률 15.9%로 증가하여, 2025년에는 93억2,620만달러에 이를 것으로 전망된다. 정형은 2020년 6억 1,150만 달러에서 연평균 성장률 24.2%로 증가하여, 2025년에는 18억530만달러에 이를 것으로 전망된다.

(단위: 백만 달러)

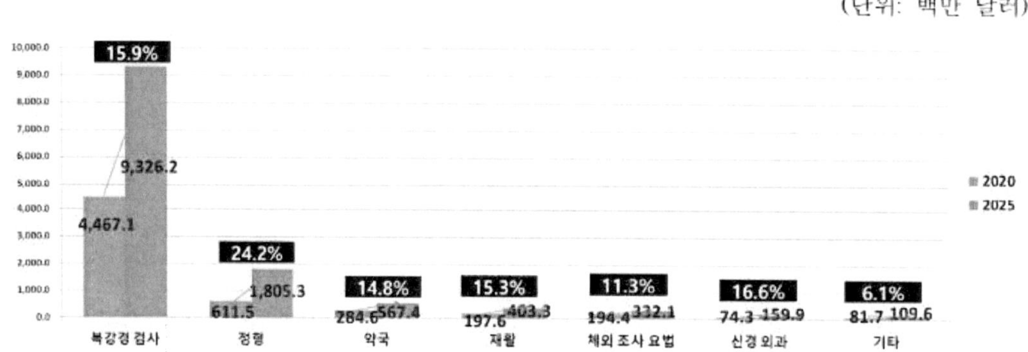

※ 출처 : MarketsandMarkets, Medical Robots Market, 2020

[그림 126] 글로벌 의료용 로봇 시장의 용도별 시장 규모 및 전망

전 세계 의료용 로봇 시장을 지역별로 살펴보면, 2019년을 기준으로 북아메리카 지역이 61.6%로가장 높은 점유율을 차지하였다. 북아메리카는 2020년 36억 4,960만 달러에서 연평균 성장률 16.8%로 증가하여, 2025년에는 79억4,330만달러에 이를 것으로 전망되며, 유럽은 2020년 11억 1,340만 달러에서 연평균 성장률 15.6%로 증가하여, 2025년에는 22억9,530만달러에 이를 것으로 전망된다. 아시아-태평양은 2020년 9억 540만 달러에서 연평균 성장률 17.2%로 증가하여, 2025년에는 19억9,790만달러에 이를 것으로 전망되며, 기타 지역은 2020년2억4,290만달러에서 연평균 성장률 14.0%로증가하여, 2025년에는 4억6,740만달러에 이를 것으로 전망된다.

(단위: 백만 달러)

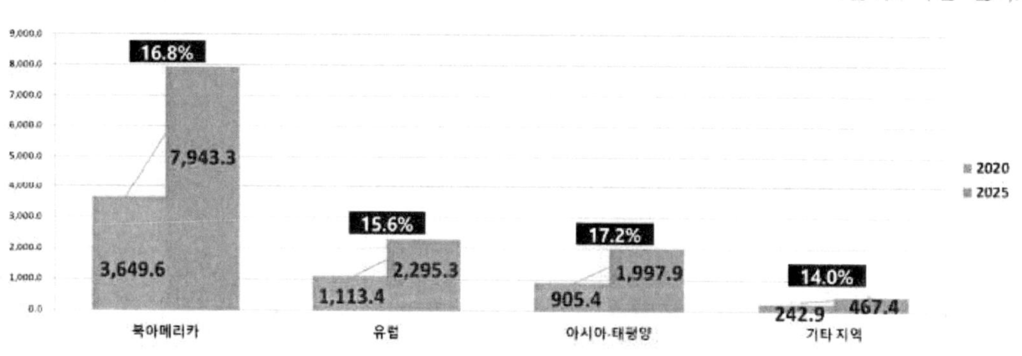

※ 출처 : MarketsandMarkets, Medical Robots Market, 2020

[그림 127] 글로벌 의료용 로봇 시장의 지역별 시장 규모 및 전망

2) 국내

(단위 : 억 원, %)

구분	'20	'21	'22	'23	'24	'25	'26	CAGR ('20~'26)
국내 시장	2,078	2,525	3,068	3,727	4,528	5,502	6,685	21.50

* 출처 : 보조 로봇 시장 (연구개발특구진흥재단, 2021.04) 자료를 재구성하여 추산

[그림 128] 국내 보조 로봇 시장 규모 및 전망

국내 로조 로봇 시장 규모는 2021년 2,525억 원에서 2026년 6,685억 원으로 증가할 것으로 전망된다. 국내 웨어러블 로봇은 정부와 기업이 로봇 관련 핵심 요소 기술 개발에 적극적으로 투자하여 성숙 단계에 진입하고 있으며, 임상 연구도 활발히 수행하고 있으나 본격적인 상용화를 통한 시장 진입에 많은 어려움을 겪고 있다.

(단위 : 억 원, %)

구분	'20	'21	'22	'23	'24	'25	'26	CAGR ('20~'26)
국내시장	1,098	1,278	1,487	1,731	2,015	2,345	2,730	16.40

* 출처 : The global caring patient robot market(Business Research Insights, 2022)과 2020년 로봇산업 실태조사 (로봇산업진흥원, 2022) 결과보고서의 서비스로봇시장 규모에 대한 세계시장 비율(6.0%)을 기준으로 자체작성

[그림 129] 환자 돌봄 로봇 국내 시장 규모 및 전망

국내 환자 돌봄 로봇 시장 규모는 2021년 약 1,278억 원에서 연평균 16.40%로 성장하여 2026년 2,730억 원으로 증가할 것으로 전망된다.

세계에서 가장 빠른 고령화 속도를 보이고 있는 한국은 65세 이상 인구 구성비가 2019년14.9%에서 2067년 46.5%로 증가할 전망이다. 노인 인구가 늘어나면 만성질환자 증가, 독거노인 증가, 일상생활 제약 등 많은 문제가 발생할수 있어 이에 대응한 노인 돌봄 서비스 수요가 크게 증가할 것으로 예상된다.

국내에서는 독거노인분들에게 인공지능(AI) 돌봄 로봇이 보급돼 활기찬 안부 인사 또는 대화 등 상호 교감을 통해 치매 예방과 우울감 해소에 도움을 주고 있다.[51]

---

51) 중소기업 전략기술 로드맵 지능형로봇 2023-2025

라. 의료서비스 로봇 정책 동향

1) 해외 동향

가) 미국

트럼프 정부는 의료기기가 포함된 10대 기반 산업을 선정하였고, 2017년 '국가로봇계획(NRI: National Robotics Initiative) 2.0'을 추진했다. 이를 통해 2017년 한해 약 2억2,200만달러를 투자하였으며, 국립과학재단(NSF) 4,400만달러, 국방부(DoD) 1억 300만달러, 에너지부(DoE) 1,200만달러 등 부처별 로봇연구를 지원했다.

국립보건원(NIH) 산하 국립 생의학 영상 및 생체공학연구원(NIBIB), 아동건강 및 인간발달 국립연구소(NICHD) 등을 중심으로 재활로봇분야 연구 지원이 활발히 진행되고 있다.

나) 독일

독일은 2010년 '하이테크전략 2020', 2014년 '신 하이테크전략'을 발표하고 미래 기술산업인 로봇산업을 집중육성 분야로 지원하고 있다. 특히, 'IKT 2020 - 혁신을 위한 연구' 프로그램 시행을 통해 독일연방교육연구부(BMBF) 주관으로 IT와 의료 융합 서비스로봇 분야에 연간 3억 유로를 지원하고 있다.

다) 일본

일본은 2015년 '로봇新전략'에 따라 4대 중점분야(개호(care), 농업, 제조, 재해)에 대한 로봇보급 확대를 위해 2020년까지 1,000억엔을 투자했다. 또한, 이송·보행·배설·치매·목욕지원 등 5개 분야 개호(care)로봇에 대한 실용화 및 보급 지원 등을 통해 서비스로봇 시장을 향후 5년간 20배 규모로 확대할 전망이다.

2016년 제5기 과학기술기본계획 및 2017년 과학기술이노베이션종합전략 2017에 따라 로봇을 활용한 사회적 과제(저출산·고령화 등) 해결을 하나의 과제로 설정하였으며, 일본의료연구개발 기구(AMED)에서는 의료기기 개발 분야에 2018년 128.9억엔을 투자했다.

라) 중국

중국은 2015년 중국제조2025를 발표하면서 10대 핵심 산업에 로봇을 포함시켰으며, 과학기술부는 2017년 '스마트 로봇 프로젝트 가이드'를 발표했다.

국무원은 '국가 중장기 과학기술 발전계획 요강(2006~2020)에 따라 2020년까지 서비스로봇, 수술로봇 등 육성을 위해 약 300억위안 규모의 예산을 지원하고 있으며, '중국 인더스트리4.0', '국가표준화체계 건설발전계획' 등 의료용로봇 지원 정책을 발표했다.

2) 국내 동향

국내에서는 2016년 '로봇산업 발전방안', 2018년 '지능형 로봇산업 발전전략'이 발표되었고, 2019년 하반기에 '제3차 지능형로봇 기본계획'을 발표했다.

정부는 '로봇산업 발전방안', '지능형 로봇산업 발전전략'을 통해 2022년까지 지능형 제조로봇 및 의료·안전 분야 서비스로봇을 개발·확산하여 생산성 향상 및 삶의 질 개선을 목표로 하고 있으며, 2018년 5월 지능형 로봇개발 및 보급 촉진법 개정과 더불어 대통령 직속 4차 산업 혁명위원회에서 로봇 지원정책을 발표하였으며, 의료·재활 등 서비스 제공을 목표로 하는 연구개발 지원, 규제 개선 등에 대한 전반적인 법/정책을 기획하여 집중적으로 지원하기로 했다.

보건복지부는 '혁신의료기술 별도평가트랙' 도입 및 '신의료기술 평가기간 단축'의 내용을 담은 '신의료기술평가에 관한 규칙' 개정안을 2019년 3월 15일에 공포·시행하여 산업화 촉진이 기대된다.

전문가 자문 절차 폐지 등으로 평가 기간을 30일 단축하고, 인공지능, 로봇 기술 등이 접목된 의료 제품은 신의료기술 항목으로 통과 가능하여 시장 조기진입이 가능할 것으로 전망된다. 첨단기술이 융합된 의료기술 및 사회적 활용가치가 높은 의료기술은 기존의 신의료기술평가가 아닌 별도 평가트랙(혁신의료기술 별도평가트랙)을 활용한다.

07. 재난 로봇

7. 재난 로봇

가. 재난 로봇 개요[52]

재난대응 로봇은 자연재해, 인적 재난과 사회적 재난 등의 재난상황에서 재난 확산을 방지하고 피해를 최소화하며, 사고 처리를 위한 로봇 시스템이다. 산업용 로봇 기술의 안정화, 지능화에 따라 극한 재난 환경에서 방재 요원과 함께 활용할 수 있는 로봇이다. 재난대응 로봇의 범위는 보안/경비 로봇, 공공안내 로봇, 재난/재해 로봇, SOC 관련 로봇 등 4가지로 분류된다.

구분	내용
보안/경비 로봇	생활, 환경 그리고 기반시설 등의 보안과 경비를 담당하는 로봇
공공안내 로봇	다양한 장소에서 사용자 안내 혹은 업무보조 역할을 수행하는 로봇
재난/재해 로봇	재난 등을 감시하고 인간이 하기 어려운 일을 대신 해주는 로봇
SOC 관련 로봇	사회 주요시설 보수, 에너지 탐사 및 전체 로봇 시스템 통제 시스템

[표 21] 재난대응 로봇의 분류

기술적 중요성으로 재난대응 로봇은 메카트로닉스를 기본으로 센서, 정보, 반도체, 인공지능, 신소재 등 첨단기술과 기계, 전자, 항공 등 전통기술이 융합된 고부가가치 첨단기술의 복합체이다. 향후 로봇 기술이 발전함에 따라 지능형 무인 건설기계, 자율주행 국방로봇, 우주탐사 및 개척용 로봇의 개발 등 국가 전략 분야에 활용도가 크다.

경제·산업적 중요성으로서는 첫째, 재난대응 로봇의 시장규모는 기술개발에 의한 성능/가격 비율의 증대에 따라 급속히 증대될 것으로 전망된다. 둘째, 기술 성숙화 및 저가화 전략에 의해 개발을 추진하여 세계시장의 조기형성을 유도할 수 있다. 셋째, 각종 재난에 따른 국가적 손실 감소에 기여하는데, 실제로 로봇들이 2011년 일본 대지진 현장에 투입되어 재난 구조 활동을 전개하기도 했다.

넷째, 신개념의 센서, 재료, 기구부 등의 개발에 따른 고부가가치 신산업을 창출할 수 있다. 다섯째, 재난을 효율적으로 극복, 수습하기 위한 재난극복, 인명 구조용 로봇의 수요가 급증할 것으로 전망된다.

---

52) 재난·재해 대응형 IT 기술,/ETRI

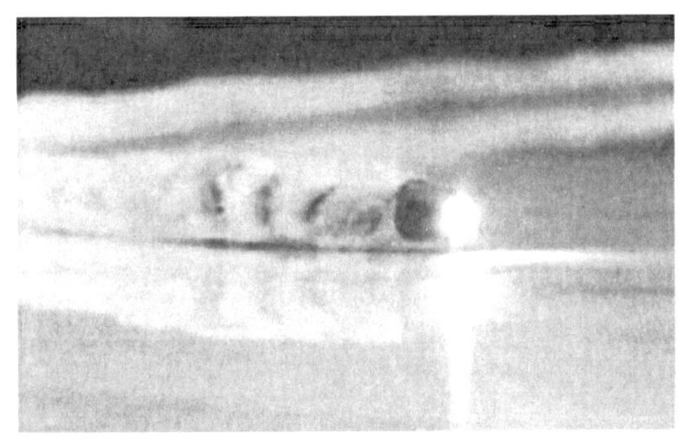

[그림 131] 뱀형 로봇   [그림 132] 퀸즈 로봇

로봇이 재난현장에 활용되기 위하여 기술적인 문제뿐만 아니라 제도적, 사회적으로 풀어야 할 문제가 많다. 우선 제도적으로는 관계 법령을 제정해야 하며 제품인증을 개설해야 하고 현장 활용을 위하여 매뉴얼을 만들어야 한다.

또한 사회적으로는 조그마한 실수도 인명 및 재산 피해에 막대한 영향을 줄 수 있는 소방현장에 신기술 도입을 꺼리는 경향이 있으므로 이러한 생각을 변화시켜야 한다. 하지만 무엇보다 중요한 것은 현장에서 꼭 필요로 하는 기술을 구현하고, 믿고 사용할 수 있는 고신뢰성의 제품을 개발하는 것이 선행되어야 할 것이다.

나. 재난 로봇 기술 동향[53][54]

  그동안 재난대응로봇은 여러 차례 현장에 투입되어 특정 임무를 수행하였다. 특히, 미국의 CRASAR(Center for Robot-Assisted Search and Rescue)은 2001년 9·11 테러 당시 무너진 월드 트레이드 센터에 UGV(Unmanned Ground Vehicle) 로봇 투입을 시작으로 2005년 허리케인 카트리나, 2011년 동일본 대지진을 포함하여 20건 안팎의 대규모 재난이 발생한 곳에 지상(UGV), 수중(UMV, Unmanned Maritime Vehicle), 공중(UAV, Unmanned Aerial Vehicle) 로봇을 활용하여 수색 및 구조 (Search and Rescue) 작업을 수행한 바 있다.

  동일본 대지진 당시에도 미국 iRobot 사의 'Packbot', QinetiQ 사의 'TALON', 일본 도호쿠대의 'Quince' 등이 사람이 접근하기 힘든 후쿠시마 원자력 발전소 내부에 투입되어 영상을 촬영한 후 외부로 전송하는 작업을 수행하였다.

  하지만, 현재까지 활용된 대부분의 재난대응로봇은 사고 직후 긴박한 상황이 아니라 재난 상황이 더 이상 진전되지 않는 시급성과 위험성이 덜한 복구 단계에서 사용되었다. 물론 국내외적으로 널리 개발된 화재현장에서 방수작업을 통해 화재진압을 돕는 소방로봇은 사고가 진행되는 상황에서 활용된 사례가 있지만, 소방대원의 부상의 위험이 있는 긴급한 상황보다는 주로 장시간 방수작업을 해야 하는 상황에서 활용되었다.

플랫폼	활용 재난 및 주요 기능
비행 정찰로봇	주요 기능 - 재난현장(실외) 실시간 모니터링 - 유해(화학) 물질 탐색 - 화재의 전개 방향, 건물의 붕괴 징후 등 위험 분석 - 요구조자 탐색 - 요구조자/소방대원 (대피)이동로 정보 제공(음성, 영상 등)
위험지 이동 정찰로봇	주요 기능 - 특수 현상 징후 파악 및 소방관 진화활동시 소방대원 대피/이동 정보 제공 - 재난현장(실내) 실시간 모니터링 - 유해(화학) 물질 탐색

---

53) 재난 및 안전 로봇, 손동섭, Special Issue
54) 재난현장 해결사, 로봇의 개발 현황과 역할/융합연구정책센터

	- 요구조자 탐색
협소 공간 이동 정찰로봇	주요 기능 - 붕괴물 내부 등 협소 지역 정찰 및 요구조자 탐색 - 협소 지역 유해(화학) 물질 탐색 - 협소 지역 구호물품(물, 식량 등) 전달
요구조자(부상자) 이송로봇	주요 기능 - 요구조자 발견 후 이동의 편리성 제공 - 요구조자 보호(충격 완화, 유해가스 차단 등) - 소방대원 추종(뒤따라 감) 및 호출시 소방대원 위치로 자율 이동 - 요구조자를 안전지역으로 자율 이송
소방대원 근력증강 슈트	주요 기능 - 소방대원의 보호장비 착용 무게로 인한 구조활동 어려움 개선 → 보호 장비 착용 무게 감소 → 장비.요구조자 이송에 필요한 힘 감소 → 반복 작업의 힘 감소 - 빠르고 자유로운 구조.구급 활동 가능
장갑소방차	주요 기능 - 2차 붕괴, 폭발 발생 가능성이 있는 위험지역의 화재진압 및 인명 구조(차량 내 요구조자 보호 공간 구비) → 붕괴, 폭발 등 위험지역 탐색 → 필요시 장애물(문, 벽 등) 돌파
긴급작업용 양팔 작업로봇	주요 기능 - 유독가스 붕괴 위험 등 사람이 들어가지 못하는 재난현장의 2차 사고 방지를 위한 긴급작업(밸브 잠금, 문개방, 스위치 조작 등)
장비 수송용 로봇	주요 기능 - 소방대원의 이동 편리성을 위한 소방 장비 이송 - 소방대원 추종(뒤따라 감) 및 호출시 소방대원 위치로 자율 이동
장애물 처리로봇 (불도저형)	주요 기능 - 진출입로 확보를 위한 장애물 처리 및 이송 - 붕괴현장 잔해물 처리 및 이송

[표 22] 재난 상황에 활용 가능 9종 로봇 후보

1) 경비, 순찰등 보안 분야

보안 분야 로봇은 경비 및 순찰용으로 구분할 수 있다. 주로 건물/시설물의 경비, 순찰용으로 활용하기 위해 개발이 되고 있으며 최근에는 인공지능을 기반으로 안면인식 등 범죄에 활용되는 경찰용으로도 활발히 연구가 진행되고 있다. 실내·외 자율주행 다족 및 모바일 플랫폼에 비전 센서와 환경인식 센서를 기반으로 영상, 음성 데이터 전송이 적용된 시스템기술이 많이 활용된다. 또한, 경비 및 순찰 등 경찰 지원용 활용에서 오므론(Omron)社의 실내 자율주행 로봇(보안·안내·청소)과 같이, 용도가 확대될 것으로 전망된다.

지역	두바이 경찰청 (UAE)	베이징 공안 (중)	베이징 공안 (중)
제품 사진			
활용 내용	• 얼굴 인식 기능으로 범죄자를 찾거나 범죄 발생 신고를 할 수 있는 '인공지능 로봇 경찰관'을 도입 〈2017년 5월〉 • 2030년까지 전체 경찰 인력의 25%를 로봇으로 대체할 계획	• 가드 레일 이동형, 불법 주차나 비상 차선 주행 등의 도로 교통 위반 저리 • 테스트 결과 효과적으로 판단되어 2017년 도입	• 베이징의 번화가 왕푸징(王府井) 대로 남구에 탱크 모양의 순찰로봇을 활용하여 정해진 경로를 따라 거리 순찰 〈2019년 8월〉
지역	창이공항 (싱)	상하이 황푸(黃浦) 공안 (중)	난징 경찰 (중)
제품 사진			
활용 내용	• 창이공항 내 보안 및 교통정리를 지원하는 로봇 테스트 중 〈2019년 6월〉	• 코로나-19 확산에 대응하기 위해 '스마트 공안(경찰)'과 손잡고 드론 순찰, 경찰로봇 음성 안내를 실시 〈2019년 7월〉	• 난징 中山北로 도로변에 로봇 '샤오징'이 교차로에서 교통정리/ 위반 차량 단속 등 〈2019년 7월〉
지역	허베이성 한단(邯鄲)시 (중)	철도특별사법경찰대 (한)	SRI 인터내셔널 (미)
제품 사진			
활용 내용	• '한단 로봇 교통경찰' 운영식 개최 〈2019년 8월〉 • 로봇 교통경찰은 도로 순찰, 차량 관리 자문, 사고 경계로 구분하여 운용 예정	• 철도특별사법경찰대가 주최하는 철도 경찰로봇 발대식 개최 〈2018년 10월〉 • 철도 치안 및 방범에 활용	• 경찰과 운전자가 직접 대면하지않고도 차량 검문이 가능한 로봇 시제품 개발 〈2019년 5월〉

* 출처: 한국로봇산업진흥원(2020.08)

[그림 134] 최근 주요 경찰로봇 실전 활용 동향

  보안 분야 로봇은, 2010년 중반부터 미국에서 민간 수요 중심으로 상용화가 진행되었고 2010년 후반부터는 일본, 중국, 싱가포르 등을 중심으로 개발이 빠르게 진행되고 있다. 일본의 경우 부동산 관리회사·보안경비회사에서, 중국, 싱가포르에서는 경찰 중심의 공공 수요를 중심으로 로봇기술을 융합하여 개발을 진행하고 있다. 우리나라는 인공지능, 빅데이터 등 ICT 기술의 융합을 기반으로 로봇 적용 등 실용화를 위한 로봇 검증 중심으로 진행되고 있는 실정이다.

미국/유럽	일본	중국		아시아	한국
제품: 기업명	제품: 기업명	제품: 기업명	제품: 기업명	제품: 기업명	제품: 기업명
보안로봇 e-vigilante: EOS Innovation(프)	자율주행 경비로봇 '패트로(PATORO)': ZMP(일)	고속도로 순찰로봇: 베이징 경찰(중)	순찰로봇 '후이옌(慧眼)': 시베이유전(중)	경찰로봇: 두바이 경찰청(UAE)	자율주행 경비로봇 '디봇 코르소(D-Bot Corso)': ㈜도구공간
경비로봇 K5(K7): Knightscope(미)	자율이동 경비로봇(REBORG-Z): ALSOK(일)	순찰로봇 '메이바오(梅宝)': BAACI(중)	5G 순찰·모니터링 로봇 '타이탄(Titan)': 터미너스(TERMINUS)(중)	자율 보안로봇 솔루션 '마타르': ST 엔지니어링 등(싱)	레일로봇: ㈜현성 등(한)
아웃도어 자율 모바일 보안 로봇 '로미오(ROAMEO): 로보틱 어시스트 디바이스(RAD)	자율주행 순회용 보안로봇 '세콤 로봇 X2': 세콤(일)	순찰 AI 로봇: JD디지츠 (JD Digits)(중)	'5G+VR' 결합 순찰로봇: 궈왕항저우공전회사(중)	순찰로봇 S5: 아센코 시큐리티(싱)	실외 무인 경비로봇 플랫폼: 레드원테크놀러지(한)
실외보안로봇 S5.2 시리즈: SMP Robotics(미)	아바타로봇 '유고(ugo)': 미라 로보틱스 (Mira Robotics)(일)	실내 스마트 순검로봇 '샤오두': 바이두(중)	경찰로봇 '샤오징(小警)': 난징 경찰(중)	교통경찰로봇: 창이공항(싱)	철도경찰로봇 네오(NEO): 퓨처로봇(한)
차량검문용 로봇: SRI 인터내셔널(미)	자율주행 감시로봇: 샤프(일)	순찰로봇 'Wall-E': 황푸(黃浦) 공안 / 원저우공항	'교통 법규 위반' 판별로봇: 레이나오(Leinao) 등 (중)	교통경찰로봇: '로데오(Roadeo)' (인도)	
산업현장 순찰로봇 ROVeo: 로벤소(Rovenso)(스)	복합형(청소·경비·안내) 서비스 로봇: 오므론(일)	방범 순찰로봇: 베이더우완춘스마트 로봇연구원유한회사(중)	스마트 순찰로봇: 베이징 전로통신신호연구원 (CRSCD)(중)		

* 출처: 로봇신문, SECURITY News Desk, 비즈니스 인사이드 등 기사 및 각 사 홈페이지 참조

[그림 135] 국가별 보안 분야 로봇 개발 현황

2) 소방, 구조, 폭발물 처리 분야

소방, 구조, 폭발물 처리 분야의 재난대응로봇과 관련하여 소방로봇은 2000년대 초부터 개발이 시작되어 최근에 프랑스, 중국, 일본 등을 중심으로 소방 분야에 도입되어 실전에 배치되거나, 소방로봇 운영을 위한 별도의 조직을 만들어 활용되고 있다.

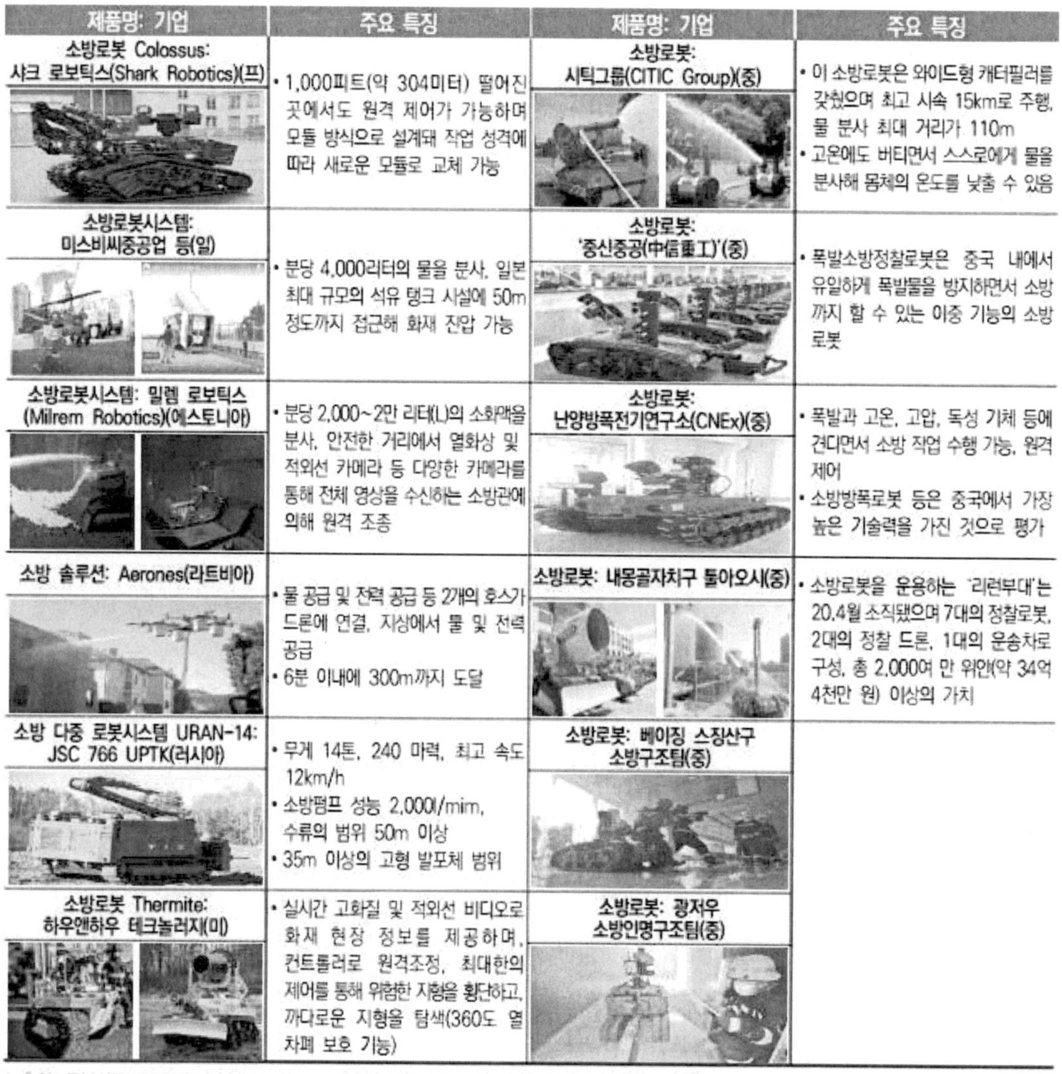

제품명: 기업	주요 특징	제품명: 기업	주요 특징
소방로봇 Colossus: 샤크 로보틱스(Shark Robotics)(프)	• 1,000피트(약 304미터) 떨어진 곳에서도 원격 제어가 가능하며 모듈 방식으로 설계돼 작업 성격에 따라 새로운 모듈로 교체 가능	소방로봇: 시틱그룹(CITIC Group)(중)	• 이 소방로봇은 와이드형 캐터필러를 갖췄으며 최고 시속 15km로 주행, 물 분사 최대 거리가 110m • 고온에도 버티면서 스스로에게 물을 분사해 몸체의 온도를 낮출 수 있음
소방로봇시스템: 미스비씨중공업 등(일)	• 분당 4,000리터의 물을 분사, 일본 최대 규모의 석유 탱크 사설에 50m 정도까지 접근해 화재 진압 가능	소방로봇: '중신중공(中信重工)'(중)	• 폭발소방정찰로봇은 중국 내에서 유일하게 폭발물을 방지하면서 소방까지 할 수 있는 이중 기능의 소방로봇
소방로봇시스템: 밀렘 로보틱스 (Milrem Robotics)(에스토니아)	• 분당 2,000~2만 리태(L)의 소화액을 분사, 안전한 거리에서 열화상 및 적외선 카메라 등 다양한 카메라를 통해 전체 영상을 수신하는 소방관에 의해 원격 조종	소방로봇: 난양방폭전기연구소(CNEx)(중)	• 폭발과 고온, 고압, 독성 기체 등에 견디면서 소방 작업 수행 가능, 원격 제어 • 소방방폭로봇 등은 중국에서 가장 높은 기술력을 가진 것으로 평가
소방 솔루션: Aerones(라트비아)	• 물 공급 및 전력 공급 등 2개의 호스가 드론에 연결, 지상에서 물 및 전력 공급 • 6분 이내에 300m까지 도달	소방로봇: 내몽골자치구 둘아오시(중)	• 소방로봇을 운용하는 '리런부대'는 20.4월 조직됐으며 7대의 정찰로봇, 2대의 정찰 드론, 1대의 운송차로 구성, 총 2,000여 만 위안(약 34억 4천만 원) 이상의 가치
소방 다중 로봇시스템 URAN-14: JSC 766 UPTK(러시아)	• 무게 14톤, 240 마력, 최고 속도 12km/h • 소방펌프 성능 2,000l/mim, 수류의 범위 50m 이상 • 35m 이상의 고형 발포체 범위	소방로봇: 베이징 스징산구 소방구조팀(중)	
소방로봇 Thermite: 하우앤하우 테크놀러지(미)	• 실시간 고화질 및 적외선 비디오로 화재 현장 정보를 제공하며, 컨트롤러로 원격조정, 최대한의 제어를 통해 위험한 지형을 횡단하고, 까다로운 지형을 탐색(360도 열 차폐 보호 기능)	소방로봇: 광저우 소방인명구조팀(중)	

[그림 136] 국가별 소방로봇 개발 현황

특히, 소방로봇은 2019년 4월 파리소방여단(BSPP, The Paris Fire Brigade)이 프랑스 노트르담 성당화재에 활용함으로써 세계적으로 관심이 매우 높아졌고 '구조로봇'은 수상 사고 등 재난 현장에서 활용을 목적으로 하고 있으나 아직 현장 활용에 성공한 사례는 미미한 수준이다.

2017년 9월 멕시코 지진 당시 멕시코 정부의 요청으로 카네기 멜론대(Carnegie Mellon University)의 뱀 로봇(Snake Robot)이 투입되었으나, 한 차례 정도 활용되었고 큰 역할을 하지 못한 것으로 알려졌다. 그러나 최근 UGV(Unmaned ground Vechicle)형, 휴머노이드형, 4족 보행 로봇 등 기술이 발전됨에 따라 재난 현장에서의 활용은 빠르게 이루어질 것으로 전망된다.

UGV 형태	수상구조로봇	휴머노이드형/4족 보행 로봇 형태
제품명: 기업	제품명: 기업	제품명: 기업
재난구조로봇: Aunav(스페인)	수상구조로봇: 포워드(FORWARD)·웨이난(渭南) 소방구조팀	4족 보행 로봇 'ANYmal': 취리히 연방 공과대학(ETH Zurich)(스위스)
재난대응로봇 'FLIR PackBot': Teledyne FLIR(미)	인명구조수중로봇: 베이하이 구조국(중)	재난대응로봇 'Cheetah': 매사추세츠 공과대학(MIT)(미)
재난구조로봇 '스모크봇(SmokeBot)': 외레브로 대학(Örebro University)(스웨덴)	수상인명구조로봇 'JHW-12': 쑤저우 타이후(太湖) 해군(중)	2족 보행 휴머노이드 로봇 'Atlas': 보스턴 다이내믹스(Boston Dynamics)(미)

[그림 137] 국가별 구조로봇 개발 현황 ①

UGV 형태	수상구조로봇	휴머노이드형/4족 보행 로봇 형태
제품명: 기업	제품명: 기업	제품명: 기업
재해현장용 양팔로봇: 오사카 대학(일)	잠수수색로봇 훈련: 후베이성 상양(襄阳)시 소방부대(중)	재난구조용 휴머노이드 로봇 'E2-DR': 혼다(일)
전천후 이동 로봇 'OzBot Titan': 디킨대학(Deakin University)(호주)	수중구조로봇 '하이툰(海豚) 1호': 윈저우(YUNZHOU)(중)	Snakebot: 카네기 멜런 대학(CMU)(미)
재난구조로봇: HRG(중)	수상구조로봇: 빅코(주)(한)	
재난구조로봇: 중국과학원 심양자동화연구소	해양사고대응로봇: 해양경찰연구소(한)	

* 출처: 로봇신문, SECURITY News Desk, 비즈니스 인사이드 등 기사 및 각 사 홈페이지 참조

[그림 138] 국가별 구조로봇 개발 현황 ②

3) 원자력 대응 분야

 2011년 3월에 동일본 대지진으로 후쿠시마 원전 건물 내에 약 12만 톤에 달하는 고
농도 오염수가 고였으며, 1년이 지난 시점에서도 후쿠시마 원전 반경 20km 근처에는
인간이 접근할 수 없을 만큼의 높은 방사선량이 측정되었다. 이에 따라 원전시설 내
부 검사 등을 위한 원전대응로봇이 투입되었다. 또한, 사고 발생 다음날 지진 피해자
구출 등을 위하여 뱀형로봇 등이 투입되었으나 활용되지 못하거나 대부분 일본 개발
품이 아닌 미국산으로 알려져 일본 로봇계가 굴욕을 느낀 사례가 있다.

* 출처: 한국로봇산업진흥원(2020.08)

[그림 139] 후쿠시마 원전 사고 시 투입 로봇

 원전대응로봇은 원자력 시설(원자로) 내부 및 설비 등을 점검·검사 및 보수하거나,
방사능 유출 등 사고 발생 시 모니터링, 잔해 제거 등을 수행하며, 원전의 제염 해체
등에 활용되는 로봇으로 정리할 수 있다. 기술적 특징은 내방사선의 특성과 함께 작
업 공간이 좁거나 험하고 사람의 접근이 어려워 점에서 가벼운 금속이나 탄소섬유강
화 플라스틱 등 경량 소재와 소형 고출력 액츄에이터를 이용한다는 점이다.

* 출처: 로봇신문 등 각 언론사 기사 및 각사 홈페이지 참조

[그림 140] 후쿠시마 원전 사고 이후 원전용개발로봇 현황

국내는 1959년 설립된 한국원자력연구원(KAERI)이 주도하고 있으며1 988년 '원자력 ICT 연구부로봇·기기진단 연구실'을 만들어 원자력 시설 내 다양한 검사 및 작업로봇을 개발하고 있다. 최근 원자력 시설의 운용을 위한 전(全) 주기인 유지보수, 사고대응, 제염해체에 적용하기 위한 여러 로봇들을 연구·개발 중이며 실제 현장에서 활용하기 위한 시험시설 보강, 사고 시 기술지원 체계 구축, 국제표준화 등도 적극적으로 추진 중이다. 또한 동북아 주변국 원자력 사고에 즉시 대응할 수 있는 무인대응 시스템을 구축·운영할 계획이다.

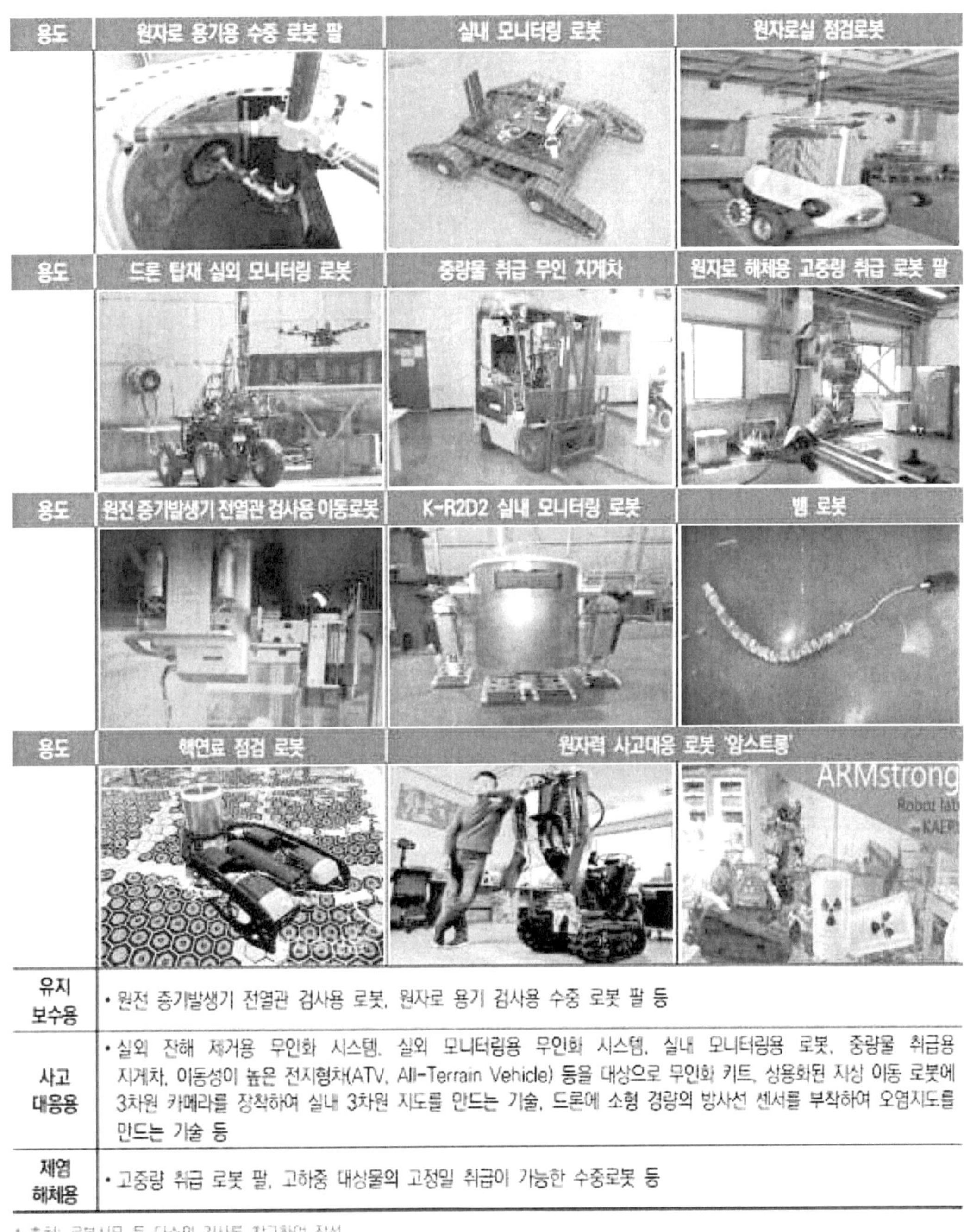

유지 보수용	• 원전 증기발생기 전열관 검사용 로봇, 원자로 용기 검사용 수중 로봇 팔 등
사고 대응용	• 실외 잔해 제거용 무인화 시스템, 실외 모니터링용 무인화 시스템, 실내 모니터링용 로봇, 중량물 취급용 지게차, 이동성이 높은 전지형차(ATV, All-Terrain Vehicle) 등을 대상으로 무인화 키트, 상용화된 지상 이동 로봇에 3차원 카메라를 장착하여 실내 3차원 지도를 만드는 기술, 드론에 소형 경량의 방사선 센서를 부착하여 오염지도를 만드는 기술 등
제염 해체용	• 고중량 취급 로봇 팔, 고하중 대상물의 고정밀 취급이 가능한 수중로봇 등

* 출처: 로봇신문 등 다수의 기사를 참고하여 작성

[그림 141] 개발 완료 또는 개발 중인 원자력대응로봇 현황(KAERI 개발)

다. 재난 로봇 시장 동향[55)56)]

국내 재난대응로봇은 시장 진입 초기 단계로 시장이 아직 미미한 상황이나 최근 활발한 연구개발 등으로 볼 때 국내 및 해외 시장에서 빠르게 성장할 것으로 예상된다.

국제로봇연맹(IFR, International Federation of Robotics)의 'World Robotics 2019 - Service Robot'에 따르면, 2019년 판매 규모는 5백만 달러(수량 127대) 수준에 불과한 것으로 조사되었으나 향후 2019년에서 2022년까지 금액은 연평균 55%, 수량은 43% 증가 등 전체 서비스로봇보다 더 높은 성장률을 예상하고 있다. 국내 시장은 연평균 약 300억 원 규모에 이를 전망이다. 그리고 Grand View Research(2022)에 따르면 재난/안전 관련시장에서 소방장비 시장이 급속히 증가하고 있으며, 이와 부합하여 소방·재난대응로봇 및 수색·구조로봇 시장이 지속적으로 확대될 것으로 예상된다.

소방장비시장은 2021년 465억9천만 달러에서 매년6.4%로 증가하여 2030년까지 866억3천만달러 수준으로 증가할 것으로 전망하고 있으며 소방장비 시장 중 화재감지 시장이 2021년 기준 전 세계 수익의 60% 이상을 차지한것으로나타났으며, 앞으로도 감지장치의 고급기술 사용과함께 증가하여 2030년 까지 7.2%의 성장률을 보일 것으로 예상된다.

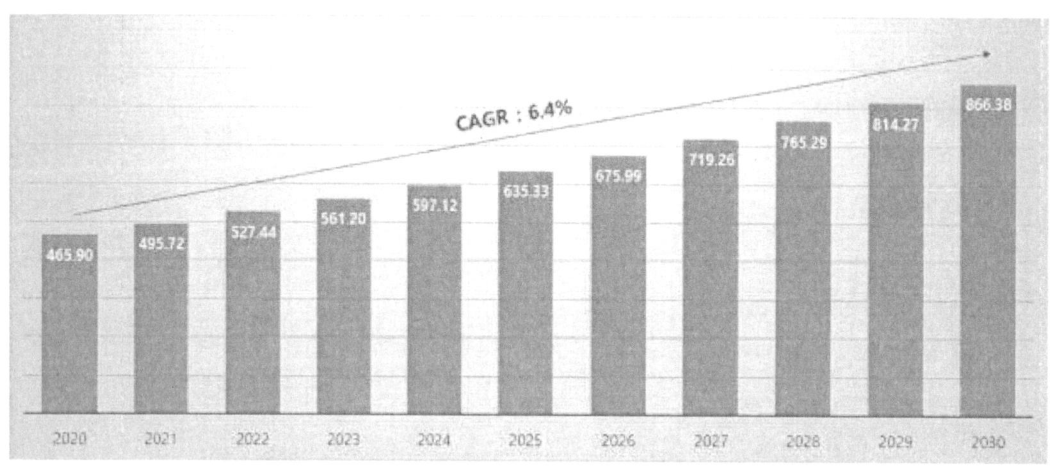

[그림 142] 글로벌 세계 화재 안전 장비 시장 규모

소방로봇 시장 규모는 2022-2026년 동안의 연평균 성장률(CAGR)은 1.8%로, 2020년 4억 5,810만 달러에서 2027년까지 5억 1,840만 달러로 성장할 것으로 예상된다(Market Reports

---

55) 재난 및 안전 로봇, 손동섭, Special Issue
56) 융합연구리뷰. 재난현장 해결사, 로봇의 개발 현황과 역할/융합연구정책센터

Worlds, 2022). 소방로봇 시장 전체의 25%를 유럽이 점유하고 있으며, Howe and Howe Technologies 및 CITIC Heavy Industry Kaicheng 등이 업계를 선도하고 있다.

전 세계 수색 및 구조로봇 시장 성장은 2021년에서 2027년 사이 18.2%의 비율로 성장할 것으로 예상된다.

수색 및 구조로봇 시장은 시장에 진입하는 스타트업과 함께 여러 주요 업체가 시장에서 상당한 양의 점유율을 차지하면서 매우 세분화되어 있으며, 주요 기업으로는 Thales Group, Kongsberg Gruppen, Elbit System Ltd. 및 Northrup Grumman Corporation이 있다. 기업들은 로봇의 다양한 응용 분야에 사용될 수 있는 새롭고 진보된 제품과 기술의 혁신을 위해 연구 개발에 적극적으로 투자를 하고 있다.

국내는 2019년 기준 재난안전사업 관련 사업체 수는 71,038개, 매출액 규모는 47조 3,493억 원으로, 그중 재난 대응산업의 사업체 수는 22,026개(31%), 12조 5,837억 원(27%)을 차지하고 있다. 특히, 우리나라는 수도권을 중심으로는 폭발/화재사고(40,103건), 산불(653건) 등의 사고가 지속적으로 일어나고 있어, 재난 대응에 관한 수요가 지속적으로 증가할 것으로 예상된다.

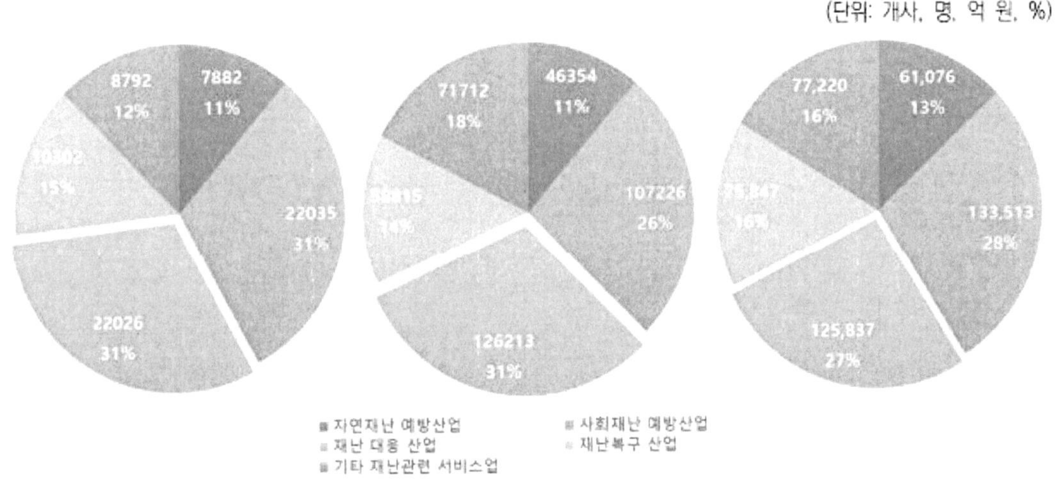

[그림 143] 국내 재난/안전 현황(좌)사업체 수, (중)직원 수, (우)매출액

소방, 원자력 등 재난대응로봇은 정부/지방자치단체 등 공공 수요중심으로 수요가 매우 제한적이다. 또한 글로벌 표준 및 로봇을 활용한 재난 대응의 사례 및 적용 시도는 매우 드물어, 개발 이후 실현장 투입을 위한 로봇 공급측면에서는 한계의 요인으로 작용한다. 실제 동일본 대지진 이후 후쿠시마 원전 사고에서 로봇을 투입하였으나 방사능 및 대형/복합 재난의 현장에 필요한 기술개발이 이루어지지 못해 활용에 실패한 사례가 있다. 하지만 지금의 글로벌 환경은 도시로의 인구 집중, 건축물의 대형·복합화, 교통수단의 발달 등으로 각종 재난에 따른 대형

인명 피해 우려가 큰 실정이다. 따라서 재난 대응의 상용화 및 실증 그리고 소방관과의 역할분담 및 협력 등 도입이 활발히 진행되어 빠른 시장성장이 예상된다.

그리고 휴모노이드형과 같은 2족 보행 또는 4족 보행 로봇 등 로봇기술의 빠른 성장으로 인해 비정형 환경에서 대응 가능한 재난 현장에서 활약할 로봇의 투입이 기대된다. 예를 들어 일본의 경우 소방조직에서의 소방로봇 도입은 물론이고 일부는 소방로봇을 전담 운용하는 부대(팀)가 만들어지고 있다.

원자력 분야에서는 일본이 후쿠시마 원전사고 이후 로봇의 개발 및 적용 시도가 활발하고 우리나라는 한국원자력연구원(KAERI)이 진단/검사/점검에서 해체에 이르기까지 다양한 로봇을 개발 중이다.

라. 재난 로봇 정책 동향57)

1) 해외

글로벌 선진국은 재난위험 저감을 위한 노력을 지속해 나가고 있으며, 국내에서도 재난안전에 즉각적으로 대응하고 관련 산업육성을 위한 다양한 정책을 마련하고 있다.

미국은 국가대응체계(NRF, National Response Framework)와 국가사고관리체계(NIMS, National Incident Management System)를 근간으로 재난관리 협력을 위한 체계를 마련하였으며, 미국 연방재난관리청 (FEMA)에서는 재난 대응에 대비한 로봇 플랫폼에 대한 기준을 마련하거나, 국가과학기술위원회(NSTC, National Science and Technology Council) 산하에 재해감소과학기술위원회(SDR, Subcommittee on Disaster Reduction)를 두고 재난 감소를 위한 정책을 수립해 나가고 있다.

연방재난관리청(FEMA)에서는 테러, 재난 및 비상사태, 복구를 위한 보조금을 마련하고 있으며, 로봇 플랫폼에 대한 테스트 방법과 기능들을 검증하기 위한 보조금 프로그램을 운영하한다.

일본은 과학기술혁신종합전략, 일본재흥전략, 로봇신전략 등을 수립하고, 이를 실현시키기 위한 전략적 혁신 창조 프로그램(SIP, Strategic Innovation Promotion Program) 등과 같은 R&D 프로그램을 마련하며, 안전을 위한 연구개발에 투자를 진행하고 있다.

일본에서는 ImPACT 프로그램의 주요 목표로 인지를 넘어서는 자연재해나 위험의 영향을 제어해, 피해를 최소화하는 국민 한 사람 한 사람이 실감하는 탄력을 실현을 위해 재난안전로봇을 현장에서 활용하기 위한 '터프 로보틱스 도전' 프로그램을 운영하여 어려웠던 환경 조건 하에서도 정보 수집이나 작업을 가능하게 하는 감재 솔루션 개발 하였다.

2011년 동일본 대지진 이후 '재해대응 무인화 시스템 연구개발 프로젝트'를 추진하는 등 즉각적인 R&D 프로그램이 운영되었으며, 지속적으로 재해 대응을 위한 로봇 개발에 관한 R&D 투자를 추진중이다.

전략적 혁신 창조 프로그램(SIP,Cross-ministerial Strategic Innovation promo

---

tion Program)을 통해 인프라 관리·유지, 재난재해 대응과 같은 연구개발 투자를 진행중이다. 일본에서는 재난로봇 개발을 위한 연구개발 투자를 지속하고 있고, 재난로봇에 대한 관심과 기초기술 발전을 위한 로보컵을 개최하고있으며, 5개 분야 중 로보컵 구조영역'에서는 재해현장을 테마로 인명 구조 실시에 대한 경기회를 진행한다.

유럽연합(EU)에서는 '유럽연합 재난위험관리 정책(EU Disaster Risk Management Policies)' 발표를 통해 예방, 대비에서 완화, 대응 및 복구 조치로 위험을 해결하는 것을 목표로 한 정책을 발표하였으며, 이를 실현시키기 위하여 호라이즌 유럽(Horizon Europe)을 통해 R&D 투자 프로그램을 운영 중에 있다.

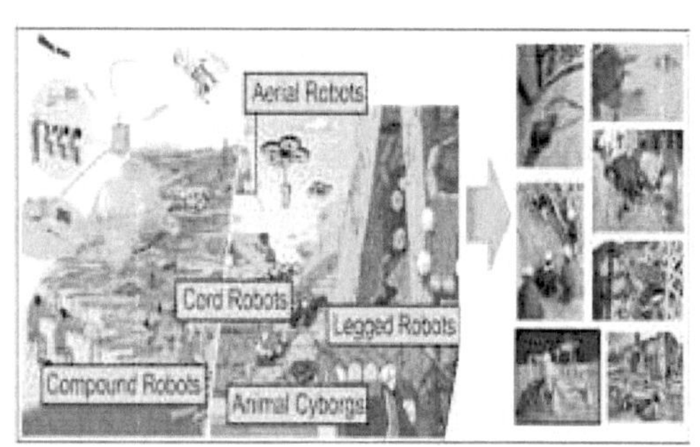

〈ImPact – 터프 로보틱스 도전〉

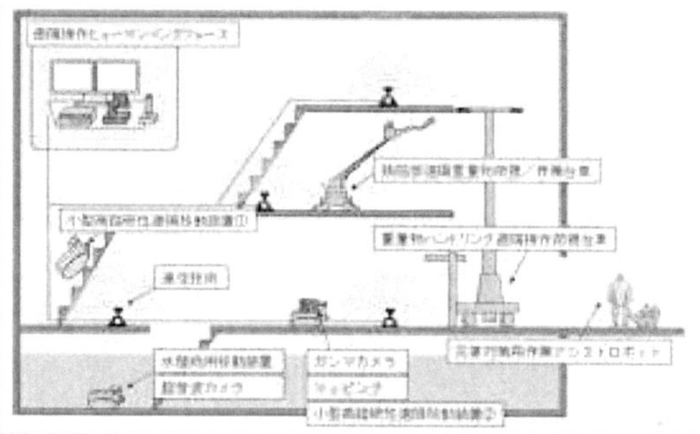

〈재해대응 무인화 시스템 연구개발 프로젝트〉

[그림 144] 일본 주요 재난/안전 프로그램

유럽연합(EU)에서는 '유럽연합 재난위험관리 정책(EU Disaster Risk Management Policies)' 발표를 통해 예방, 대비에서 완화, 대응 및 복구 조치로 위험을 해결하는 것을 목표로 한 정책을 발표하였으며, 이를 실현시키기 위하여 호라이즌 유럽(Horizon Europe)을 통해 R&D 투자 프로그램을 운영 중에 있다.

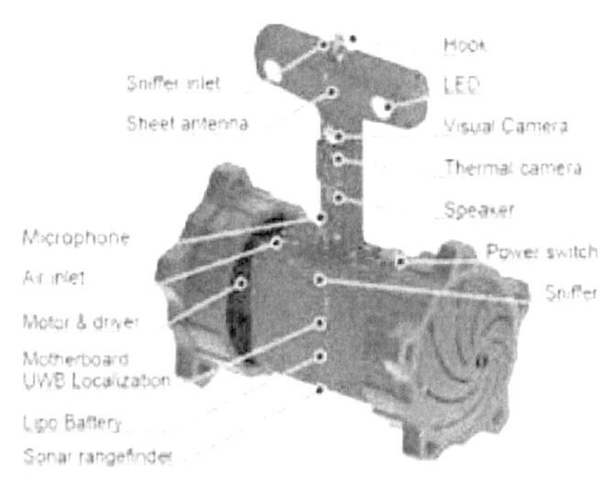

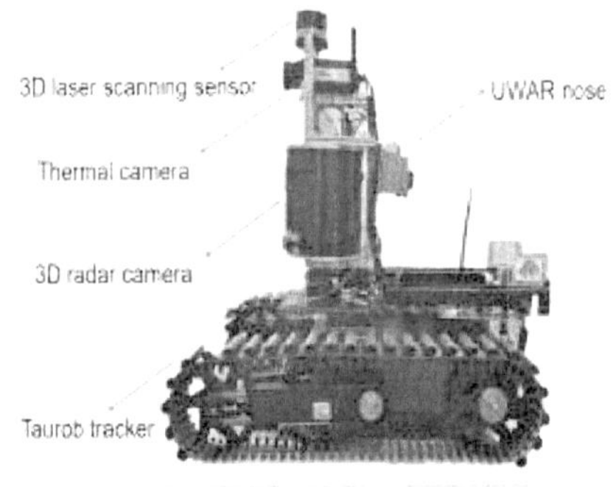

(CURSOR 프로젝트 - 프로토타입)   (CENTAURO 프로젝트 - 사족로봇)

(SmokeBot 프로젝트 - 로봇구조)   (TRADR 프로젝트 - 원격로봇)

[그림 145] EU 주요 재난/안전 프로그램 결과물

2) 국내

우리나라에서는 재난안전에 즉각적으로 대응하고 관련 산업 육성을 위한 다양한 정책을 발표하고 있으며, 특히, 로봇/인공지능 기술 등을 활용하여 새로운 형태의 재난 대응 기술을 확보하기 위한 육성정책을 마련하여 추진 중에 있다.

제4차 국가안전관리기본계획(2020~2024,중앙안전관리위원회)에서는 미래·첨단 재난 안전 산업육성 및 기술개발을 주요 정책으로 포함하고, 로봇·드론 등 지속적인 R&D 지원 방안을 마련하였다.

제3차 재난 및 안전관리 기술개발 종합계획(2018~2022, 범부처) 등의 발표를 통해 로봇·인공지능을 기반으로 한 미래·신종재난에 대한 대응 기술 확보를 위한 육성정책을 마련하였으며, 제3차 지능형 로봇 기본계획(2019~2023)에서는 서비스로봇 분야에서 니치 마켓(Niche Market)형 10분야 중 안전로봇 분야를 핵심분야 중 하나로 선정하여, 화재진압을 위한 로봇 개발 추진하였다.

구 분	국방로봇	농업/탐사로봇	안전로봇	검사/유지로봇
대표적용 분야	국방	농축산업, 탐사	재난, 구조	에너지 분야 등
로봇제품	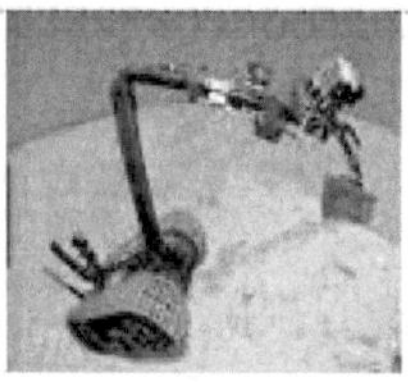 [지뢰제거로봇]  [활주로 제초로봇]	 [시설원예로봇]  [극한지로봇]	 [재난지역 탐색로봇]  [재난지역 구조로봇]	 [태양광패널 유지보수로봇]  [전력선 유지보수로봇]
유관부처	국방부, 방사청	농림부, 해수부, 국토부, 농진청 등	소방청, 경찰청	산업부 등

* 안내로봇 및 엔터테인먼트 로봇은 민간 주도로 개발 진행

[그림 146] 제3차 지능형 로봇 기본계획(산업부)

08.   지능형 로봇

8. 지능형 로봇

가. 지능형 로봇 개요

지능형 로봇(Intelligent Robots)이란 외부 환경을 인식하고 스스로 상황을 판단하여 자율적으로 행동하는 로봇을 의미한다. 지능형 로봇은 기존 로봇에 유비쿼터스 네트워크와 정보 기술 및 서비스 기술을 접목한 지능형 서비스 로봇의 새로운 개념으로, 여기서의 로봇은 물리적인 로봇에 그치는 것이 아니라 환경 내 곳곳에 내재된 센서로부터 생활 정보를 보내 주는(Manipulation) 임베디드 로봇과 언제 어디서나 상황에 맞는 정보와 서비스를 능동적으로 제공하는 지능형 소프트웨어 로봇 등을 포함한다.

인간의 개입 없이 스스로 움직이며 사람을 돕고 노동을 하는 자율주행 로봇 시대가 왔다. 산업사회에서 정보화 사회를 거쳐 지능기반사회로의 발전에 따라 로봇의 패러다임은 노동대체 수단으로서의 '전통적 로봇'에서 인간 친화적인 '지능형 로봇'으로 변화되고 있다.

지능형 로봇은 용도별, 형태별 등 여러 가지 방법으로 분류할 수 있으며, 향후 응용 분야를 기준으로 가사 지원/실버 로봇, 교육/오락 로봇, 의료/헬스케어 로봇, 국방/안전 로봇, 해양/환경 로봇으로 구분할 수 있다.

인공지능 등 IT 기술을 바탕으로 인간과 서로 상호작용하면서 가사 지원, 교육, 엔터테인먼트 등 다양한 형태의 서비스를 제공하는 인간 지향적인 로봇으로 단순 반복 작업을 주로 수행하는 산업용 로봇과 달리 인공지능, 휴먼 인터페이스, 유비쿼터스 네트워크 등의 IT기술이 집적된 퓨전 시스템으로 1가구 1로봇 시대라는 무한한 잠재적 시장을 겨냥하여 선진 각국은 주도권 확보를 위한 다양한 정책을 수립하여 산업 육성에 매진하고 있다. 그러나 현재까지는 일반 국민 등 수요자의 기대 수준과 기술 수준과의 격차가 큰 상태이며, 아직까지는 수요를 만족시킬 수 있는 Killer Application이 개발되어 있지 못한 상황이다.

이러한 지능형 로봇 산업은 궁극적으로 '언제 어디서나 나와 함께 하며, 나에게 필요한 서비스를 제공하는 로봇'의 개념을 접목시켜 Ubiquitous Robotic Companion(URC)으로 정의하고 있다. 이는 기존의 로봇 개념에 네트워크를 부가한 UCR의 개념을 도입함으로써 다양한 고도의 기능이나 서비스 제공이 가능하고 Mobility와 Human interface가 향상된 로봇 시스템으로 진화함을 의미하며, UCR 개념의 도입은 사용자 측면에서는 보다 저렴한 가격으로 다양한 서비스와 즐거움 을 제공받을 수 있는 가능성이 확대됨을 의미한다. 쉽게 말해서 로봇 스스로가 생각하고 판단을 내리는 인공지능 로봇을 지능형 로봇이라 한다.

 최근 국내 대기업들이 S/W 플랫폼 기술을 기반으로, 지능형로봇 시장에 진출하고 있으며, 제조용 자율주행 로봇, 제조용 센서, 인공지능 검사 솔루션, 스마트팩토리 통합 플랫폼 등의 기술을 상용화하는 단계에 도달했다. 산업용 자유 주행 로봇은 수직 다관절 로봇과 자율주행 AGV(Automated Guided Vehicle)'가 결합 되어 공장 내 생산라인 등 맵핑된 구역을 이동하면서 부품운반, 제품조립, 검사 등 다양한 공정을 진행할 수 있는 것으로 파악된다.

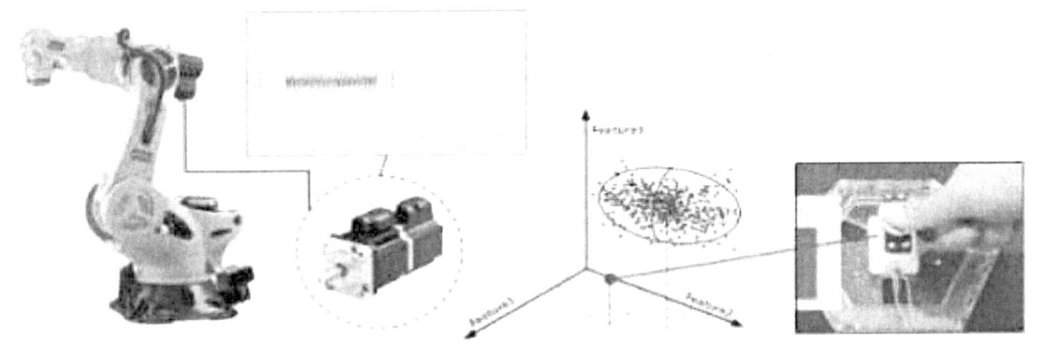

* 출처 :기계 저널, '기계공학에서 인공지능 적용 사례(2017)', Delft University, NICE평가정보(주) 재구성

[그림 148] 지능형로봇 예시

 지능형로봇은 사람들과 함께 공간을 공유하며 작업을 하지 않는 전통적인 제조로봇과 달리, 사람들과 공간을 공유하며 함께 움직일 수 있다는 점에서, 기존의 제조로봇에 적용되었던 기준이나 기술을 그대로 적용할 수 없는 문제가 있으며, 사용자의 안전에 관한 문제도 대두되고 있다.

 기술적 중요성과 함께 지능형로봇은 경제 산업적으로도 IT, BT에 버금가는 차세대 핵심 산업으로 급부상하고 있다. 지능형로봇은 큰 규모의 시장잠재력을 가지고 있으며, 미쓰비시 연구소, 산업자원부, 지능형로봇산업 발전전략 연구소 등에서는 지능형로봇의 세계시장은 2010년경 로봇 기술 혁신과 지능형로봇의 보급 확산으로 반도체 시장을 능가할 것으로 파악했다. 또한, 2020년 세계 자동차 시장규모를 추월, 5,000억 달러 정도의 거대시장을 형성하는 연평균 18.6%의 높은 성장을 할 것으로 파악된다.

 해외에서는 대규모 자본과 높은 기술력을 바탕으로 지능형로봇의 적극적인 산업화를 유도하고 있으며, 일본의 경우는 Sony, Honda 등에서 연 100여 종 이상의 다양한 로봇제품을 출시하여 신규시장 창출을 시도하고 있다. 한편, 국내는 세계수준의 IT 기술, 제조로봇 기술, 대량생산 기술력을 보유한 제조업 등을 바탕으로 지능형로봇 시장에서의 기술 우위를 확보하고 있다. 정부에서도 국가 경쟁력 확보를 위해 14대 혁신성장동력 분야로 지능형로봇을 선정하고, 제3차 지능형로봇 계획을 통해 적극적인 로봇산업 육성 사업을 추진하고 있다.

중분류	소분류		종류
서비스 로봇	개인용 로봇		• 가사 지원(청소, 정리, 경비, 심부름 등) • 노인지원(보행 보조, 생활 지원 등) • 재활 지원(간병, 장애지 보조, 재활 훈련 등) • 여가 지원(오락, 테마파크, 게임, 헬스 케어 등) • 교육(가정교사, 교육 기자재용) • 이동지원(개인 이동 시스템, 탑승형 로봇)
	전문로봇	공공서비스 로봇	• 공공 서비스(안내, 도우미, 도서관 등) • 빌딩 서비스(경비, 배달, 청소) • 사회 안전(경비)
		극한 작업 로봇	• 사회 인프라(활선, 관로, 고소 작업용) • 재난 극복(화재 진압, 인명 구조) • 군사(지뢰 제거, 경계, 전투, 로봇 갑옷 등) • 해양(탐사, 자원 개발 지원)
		기타 산업용 로봇	• 건설(건설 지원, 건설 유지보수, 해체 지원) • 농림, 축산(농약 살포, 과실 수확 지원) • 의료(수술, 간호, 진료, 치료 교육)
제조로봇			• 자동차 제조(핸들링, 용접) • 전자제품 제조(도장, 조립, 핸들링 등) • 디스플레이/반도체 제조 • 조선(용접, 블라스팅)

* 출처 : 국제 로봇 연맹, '세계 로봇 보고서(2018)' NICE평가정보(주) 재구성

[그림 149] 국제 로봇 연맹이 분류한 지능형로봇

나. 지능형 로봇 기술 동향

1) 해외 동향

가) 미국

미국은 국가 경쟁력의 원동력으로 인식하고 로봇 산업을 육성하고 있으며, 2011년 '첨단 제조 파트너 쉽'(AMP:Advanced Manufacturing Partnership)을 발표하고, 이 일환으로 '국가 로봇 계획'(National Robotics Initative)을 추진하고 있다.

미국 정부에서는 지능형 로봇 기술을 6대 첨단기술의 하나로 분류하여 미국 안보에 중대한 영향을 미칠 수 있는 중요 기술로 지정하였다. 먼저 청소 로봇을 일반에 판매하여 큰 성공을 거둔 IROBOT의 '룸바'와 엔터테인먼트 로봇인 타이거 일렉트로닉의 'I-CYBIE' 등의 개인서비스용 로봇 제품과 미국이 중점적으로 투자하고 있는 전문서비스용 로봇분야인 '팩봇'과 베어들 군사용 로봇인 다빈치 등이 있다.

미국의 주요 지능로봇 관련업체는 군사용 의료용 로봇과 같은 전문서비스용 로봇에 막대한 투자 및 기술개발을 하고 있다. 예를 들어 휴머노이드 로봇, 3인조밴드 로봇, 오락용 로봇, 무선 제어 로봇, 청소용 로봇, 간호보조 로봇 등이 있다.

미국은 산업용 로봇의 창시국으로, 시장규모 면에서 세계2위, 인공지능 등 원천기술 분야에서 세계 1위의 로봇 선도국이다. 우주, 국방, 의료 분야에서 로봇 기술의 활용이 돋보이며, 대표적인 기업으로는 세계 최초의 청소 로봇 룸바를 생산하는 아이로봇, 최근 빅독으로 유명세를 탄 보스톤 다이내믹스사, 수술 로봇의 세계1위 기업 다빈치 시스템의 인튜이티브 서지컬 등이 있다.

[그림 150] 보스턴 다이나믹스

미국은 이미 알파벳(구글)의 자회사이던 보스턴 다이나믹스가 사람처럼 이족 보행을 하며 자유자재로 뛰거나 움직이는 로봇 아틀라스로 기술력을 과시한 바 있다. 사무실 같은 사무 공간이나 공장 등 활용 가능성이 무궁무진하다. 내년에는 건설현장 투입을 목표로 4족 보행 로봇 '스팟 미니'를 본격 판매할 계획이다.

[그림 151] 보스턴 다이나믹스의 로봇

 미국의 대형 유통업체인 크로거는 올 연말을 목표로 실리콘밸리의 로봇 기업 뉴로를 통해 자율주행 로봇을 이용한 무인 배달 서비스를 준비하고 있다. 소비자가 온라인이나 매장을 방문해 필요한 물품을 선택하면 자율주행 로봇이 물품을 싣고 집 앞까지 가져다주게 된다.

[그림 152] 크로거의 자율주행 배송

---

58) 동아 사이언스

나) 일본

일본은 아베노믹스 성장전략의 핵심정책으로 범정부차원의 '로봇 新전략'을 발표하고 로봇정책실을 설치하였고 큰 폭의 예산 증액(2015년 160억엔 → 2016년 294억엔)은 물론, R&D 중심의 지원을 벗어나 시장화를 지원하는 '로봇도입 실증 사업'을 적극 추진했다. 일본은 미국에서 발명된 산업용 로봇(Unimation사의 PUMA)을 본격 산업화한 시장 규모면에서 세계1위의 로봇강국이다.

미쓰비시 중공업, 히다찌, 야스카와, 나가사끼 중공업 세계 굴지의 산업용 로봇 제조 회사들이 로봇 산업을 형성하고 있다. 일본은 정통적인 로봇 강국으로 자율주행 기술 개발과 함께 현장 투입 테스트에 공을 들이고 있다

소프트뱅크는 프랑스의 로봇 업체인 알데바란 로보틱스를 인수한 이후 휴머노이드형 로봇인 페퍼를 출시하여 세계 소셜 로봇산업 분야를 선도하고 있다. 한편, 샤프는 스마트폰과 로봇을 결합한 소셜 로봇인 로보혼을 발표했으며, 통신업체인 NTT는 음성 기반 대화가 가능하고 사용자의 생체신호를 측정하고 건강을 관리하는 소형 탁상형 로봇인 소타를 출시하고 고령자 요양원을 중심으로 마케팅 활동을 진행 중이다.

소프트뱅크는 임대 형식의 판매 정책을 통해 로봇 제조 원가보다 낮은 200만 원 내외의 가격으로 로봇을 공급하고 약정 요금과 콘텐츠 판매를 통해 수익을 내는 플랫폼 비즈니스 모델을 채용하여 페퍼를 보급하고 있으며 이를 통해 수차례에 걸쳐 매진을 기록하는 등 성공적인 로봇 매출을 기록하고 있다.

[그림 153] 소프트뱅크 페퍼

야스카와전기는 2016년 '로봇산업' 관련 1,400억 엔의 매출을 달성했으며 전체의 35%로 큰 사업 비중을 차지하고 있다. '수직 다관절' 기술에 강하며 로봇사업 관련, 도쿄공업대학에서 벤처 기업을 모체로 하는 AI 개발 기업 '크로스 컴퍼스'에 출자하여 정밀 부품의 조립 제어 및 생산라인의 고장 예지가 가능한 AI와 로봇 결합에 집중하고 있다.[59]

간사이 국제공항은 올해 초 셀프 체크인 로봇과 청소 로봇의 실증 테스트를 마쳤다. 일본 치바 공대는 지난 7월 지능형 로봇에서 탑승형 로봇으로 변신할 수 있는 칸구로를 개발하고, 일본 도요하시 공대도 꽃재배용 자율주행 로봇을 개발 중이다.

업계 관계자는 자율주행 로봇의 발전은 저 출산과 인구 고령화로 인한 노동 인구 감소를 해결할 수 있는 대안이 될 수 있을 것이라고 말했다. 이처럼 지능형 로봇의 실행화가 시작되고 있다.

지능형 로봇은 인구 문제로 인한(고령화 저출산)상황을 어느 정도 대체하여 인구 문제 해결에 있어 중요한 문제 해결을 할 수 있다. 일본은 대기업 주도로 개인용 서비스로봇 중심의 연구개발이 활발하며, 제조업용 로봇에 이어 서비스 로봇에서도 전 세계 지능형 로봇 시장을 주도하고 있다.

산업체에서는 제조용 로봇을 통해 확보한 주요기술을 지능형 로봇의 제어에 응용하고, 학연을 중심으로 지능을 위해 필요한 애플리케이션을 개발하고 있다. 일본의 차세대 로봇 기술에 대한 연구개발 방향은 사회적인 인구 구성의 변화와도 큰 관계가 있다.

고령화 사회인 일본에서는 국가적인 차원에서 노인과 어린이 가사노동을 대상으로 하는 로봇이 깊게 연구되고 있고, 실제 상용화된 제품이 출시되고 있다. 예를 들어 '이프봇(IFBOT)'은 독거 노인들의 말상대를 해줄 수 있는 노인과의 대화만을 위해 고안된 로봇이다.

---

59) 미래형 제조로봇/NICE평가정보(주)

[그림 154] IFBOT

또 가정에 애완견이나 아이가 혼자있는 경우가 많아 집 밖에서도 언제든 핸드폰을
통해 이들을 보살필 수 있도록 하는 영상 모니터일 전문 로봇 '로보리아'를 상용화했
다.

다) 유럽

유럽에서는 주로 독일을 중심으로 청소, 구조/국방/보안, 건설/파괴. 낙농, 의료, 에
듀테인먼트 등의 분야에서 활용되는 서비스 로봇을 제작 판매하고 있고, 진공청소로
봇분야는 스웨덴에서 세계최초로 청소로봇 TRILOBITE를 개발하여 현재의 청소로봇
시장의 산파 역할을 담당하였다.

[그림 155] TRILOBITE

청소 로봇은 영국의 다이슨, 독일의 KARCHER 등이 생산하고 있다. 독일
'SIEMENS'의 'SINAS'는 로봇의 자율 이동기능을 이용해 대형 마트 등에서 청소와
짐 운반 등의 서비스를 제공하고 있다.

프랑스의 MECCANO의 SPYKEE의 경우 와이파이, 블루투스, 적외선과 음성인식기
술이 적용된 조립로봇으로, 로봇의 모바일 CCTV를 통해 집 상태를 살펴볼 수 있고,
와이파이를 이용해 전세계 어디에 있든지 조정이 가능한 스파이 로봇이다.

[그림 156] SPYKEE

  유럽은 전통적으로 낙농산업과 복지산업이 발달한 지역으로, 로봇도 농업용 로봇과 실버 복지 로봇에 대한 연구가 한창이다. EU는 로봇 분야 실행을 위해 연구와 혁신을 추진하는 SPARC프로그램을 개시하였다.

  독일은 스마트 공장 시스템에 중점을 두어 하이테크 전략(Industry 4.0)을 추진하고 있고, 프랑스는 중소기업에 로봇 설비투자에 10%까지 자금지원을 하고 더불어 세계 5대 서비스 로봇 국가진입을 목표로 적극적인 육성정책을 추진하고 있다. 영국은 '국가 로봇 전략'을 수립하고 '25년까지 세계 로봇시장의 10%점유를 목표로 하고 있다.

라) 중국[60]

중국은 중국 10대 산업 육성계획의 핵심 산업분야로 로봇을 선정하고 Smart Manufacturing 프로젝트(2015년 3월)를 추진하고 있다. 또한 '로봇 산업 발전계획을 발표했고 국제 수준의 제품 성능 및 품질 확보, 핵심부품 기술력 향상, 시장 수요를 만족시키는 로봇산업 시스템 구축 계획을 제시하였으며, 교육용 로봇 등에 관심을 보이고 있다.

코로나19 팬데믹의 영향으로 전 세계 시장이 다소 주춤하는 모습을 보였음에도 중국 로봇산업은 상대적으로 강한 성장세를 보였다. 중국 지능형 로봇 시장 규모는 2020년 168억 위안, 2021년 256억 위안까지 성장하였다.

전염병으로 인해 무인화, 자동화, 스마트화 생산 및 노동력에 대한 수요가 폭증하면서 전반적인 로봇산업의 건전한 발전을 유도한 것이다. 중국 지능형 로봇 시장 규모는 연평균 40%씩 성장하여 2025년 약 1,000억 위안까지 확대될 것으로 기대되며, 산업용 로봇보다 사람들과 직접 대면할 기회가 많은 非산업분야 로봇에 대한 지능화 요구 수준도 높아질 전망이다.

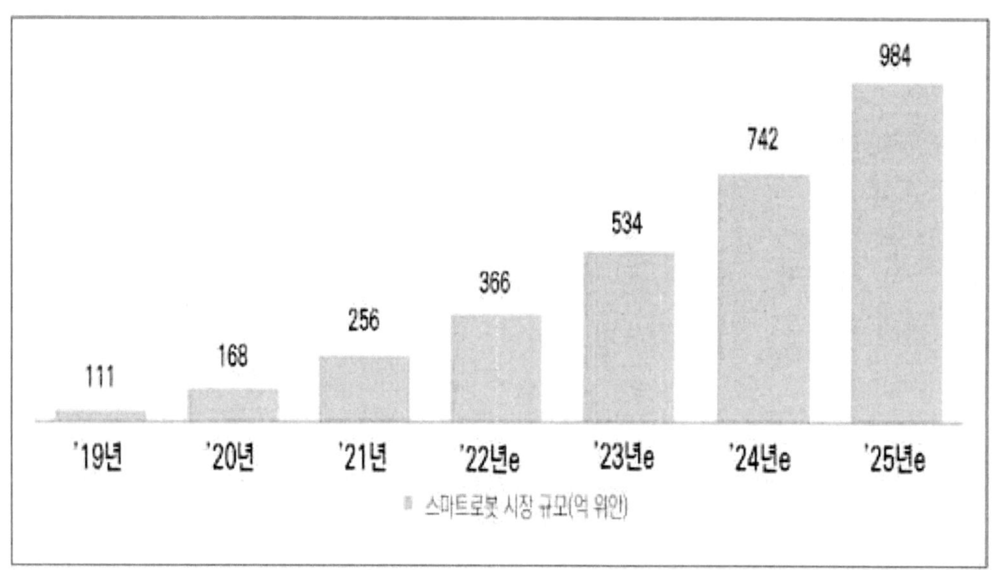

출처: 艾瑞咨询, 2022年中国智能机器人行业研究报告, 2022.11.

[그림 157] 중국 지능형 로봇 시장 규모 및 전망 (2019년~2025년)

---

60) 2022 중국 지능형 로봇산업 현황/한국로봇산업진흥원

2) 국내 동향

현재 국내에서는 '지능형 로봇 개발 및 보급 촉진법(이하 지능형로봇법)'을 2008년 3월에 제정한 이후에 2028년까지 연장하는 2018년 대한민국 "지능형 로봇 산업육성 특별법" 개정하고, '지능형 로봇 기본계획(1~2차)' 등을 통해 로봇산업 지원체계를 구축하고 지원하고 있다.

또한, 로봇 산업의 성장을 위해 산업용 로봇과 서비스용 로봇을 구분하여 2020년까지의 발전 방향을 세워 핵심 기술개발을 진행 중이다. 특히 지능기술과 제어기술을 중심으로 방향을 설정하여 국내 기업들의 로봇 개발을 이끌고 있다.

하지만, 국내 로봇산업실태 조사에서 2014년 국내 로봇시장은 4번째로 로봇은 생산하는 국가로 나타났으며, 국내의 로봇산업은 자동차, IT산업을 중심으로 한 제조업 중심으로 한 생산 자동화에 집중되고, 사물인터넷, 클라우딩 컴퓨팅 등 스마트 공장으로 변화하면서 제조용 로봇산업이 활성화되는 반면 기술력에서는 일본에 뒤지고 시장 규모는 중국에 뒤처지면서 시장규모가 작은 서비스 로봇에 대해서는 정부의 정책적 지원이 매우 필요하다고 예측하고 있다.

로봇산업의 종합기술 경쟁력은 미국, 일본, 유럽에 이르러 세계 4위의 수준을 보여주고 있으며, 최고기술 보유국인 미국 대비 상대수준은 80.6%를 나타내고 있다. 지능형 로봇산업은 국내외적으로 새로운 성장산업으로 주목을 받으면서, 국내에서도 지식경제부의 미래 선도 산업으로 선정되며, 반도체·자동차산업 규모 이상의 성장 잠재력을 가진, 소득 2만 불 시대를 선도할 미래의 'STAR' 산업으로 주목받고 있다.

유진로봇은 청소, 엔터테인먼트, 산업용 로봇 등을 제조하는 로봇전문업체로 글로벌 시장 진출 및 입지구축, r&d에 많은 투자를 하고 있다. 유진로봇의 청소용로봇 아이클레보는 상용화 후 좋은 반응을 얻으면서 국내에서 청소용 로봇 시장을 개척하고 있으며, 해외 업체에 뒤지지 않는 경쟁력을 확보하고 있다.

[그림 158] SPYKEE

한울로보틱스는 청소용, urc, 연구용 이동로봇, 로봇청소기 등 지능형 로봇 개발 전문업체로 축구로봇과 교육용 로봇 등을 자체 개발하여 판매하고 있다. 최근에는 가정용 로봇(홈 로봇, 청소 로봇, 토이 로봇, 감성로봇)분야, 안내용 로봇(안내, 홍보), 국방용 로봇분야에 개발에 중점을 두는 기업이다.

다사로봇은 산업용 로봇, 모션 컨트롤러, 서보 시스템, 지능형 서비스 로봇 등의 로봇제조 전문업체로 제조업용 로봇분야에서는 다양한 자동화 어플리케이션과 솔루션을 제공하여 왔으며 서비스용 로봇분야에서는 지능형 모바일 플랫폼, 공공도우미 로봇, 경비 로봇 등 꾸준히 신제품을 개발하고 있다. 또한, 국내최초로 감성형 엔터테인먼트 로봇 애완용 로봇 제니보를 개발하여 상품화하였고 업계 최초로 코스닥에 직상장한 기업이다.

[그림 159] 제니보

이지로보탁스는 엔터테인먼트로봇, 가정용 로봇, 교육용 로봇, 미니 로봇 등을 생산하는 서비스로봇 전문업체로, 국민로봇 사업에 참여하여 뉴스, 날씨 등의 정보 제공

서비스는 기본이며, 일정관리, 구연동화, 음악앨범, 라디오 그리고 각종 게임 등 다양한 엔터테인먼트를 제공하는 네트워크 로봇 큐브를 개발했다. 그리고 로봇축구 키트 등을 전문으로 만들어 수출하여 교육용 로봇시장에서도 큰 수익을 거두고 있다.

이외에도 최근 로봇 쓰리에서는 '비 라이더'라는 자이로 센서로 균형을 잡는 직립직 스쿠터가 최초로 개발되어 많은 사람들의 관심을 끌고 있으며, 외식도우미 로봇 '아로'를 개발하여 CJ 푸드빌과 함께 외식 현장에 보급하고 있다.

중소기업 위주의 서비스용 로봇 시장에 다사 로봇을 인수한 동부 그룹이 새롭게 진입하였으며, 가전 제품을 생산하는 대기업인 엘지, 삼성의 청소용 로봇시장 진출과 삼성 테크윈, 한화와 같은 방산업체 등이 군사용 로봇시장에 진출하고 있다.

이렇게 막대한 자본력을 가진 대기업의 로봇시장 진출은 기존 중소업체 위주의 로봇시장에 큰 변화를 가져오고 있는데, 공격적인 사업 확장과 원천기술 개발 그리고 마케팅 등을 통해 로봇시장의 전반적인 발전을 이끌고 있다.

동부 로봇은 가정용 방범로봇 '이지스 에스알'을 비롯하여, 아이들의 교육용 로봇인 '둘리' 등의 제품을 선보였다. '이지스 에스알'은 사용자가 외출할 때 외부문을 잠그게 되면 로봇 안에 있는 센서들이 경비를 시작하게 된다. 경비가 시작되면 '이지스 에스알'은 침입감지 센서가 동작하지 않더라도 경로를 계획하며 주행함으로써 지능형 자율을 수행하고, 경비 환경을 순찰 주행하게 된다.

kist(한국과학기술연구원)의 지능로봇연구센터 강성철 박사팀은 이라크에 파견하였던 군사용 로봇 '롭해즈'를 개발하였다. 'robhaz'는 'robots for hazardous application'의 약자로 이 군사용 로봇은 계단과 가파른 경사면이나 험한 지형을 자유롭게 오르내릴 수 있으며 리눅스를 탑재한 제어시스템에 의해 안정적으로 원격 조정된다. 또한, 폭발물 처리용 물대포, 화생방 장비, 야간 투시경, 지뢰 탐지장치등을 장착할 수 있어서 군사용으로 폭 넓게 활용될 수 있으며, 2004년 미국에서 열린 '세계로봇경지대회'의 구조작업분야에 참가하여 역대 최고점수로 우승을 하여 뛰어난 기능을 이미 인정받고 있다.

이외에도 kaist에서는 한국 최초이자 세계에서 3번째인 두 발로 달릴 수 있는 인간형 로봇인 '휴보'를 개발하였다. 2004년 휴보를 개발한 이후 2009년 5년만에 개발한 '휴보2'는 초당 3걸음 이상 달릴 수 있는 로봇으로, 41개 몸통관절에 사람처럼 손목을 돌리고 5개의 손가락으로 물건도 쥘 수 있다. 아직 일본과의 기술격차는 있지만, 점차 그 격차를 줄이고 있는 추세이다.

다. 지능형 로봇 시장 동향[61]

1) 해외

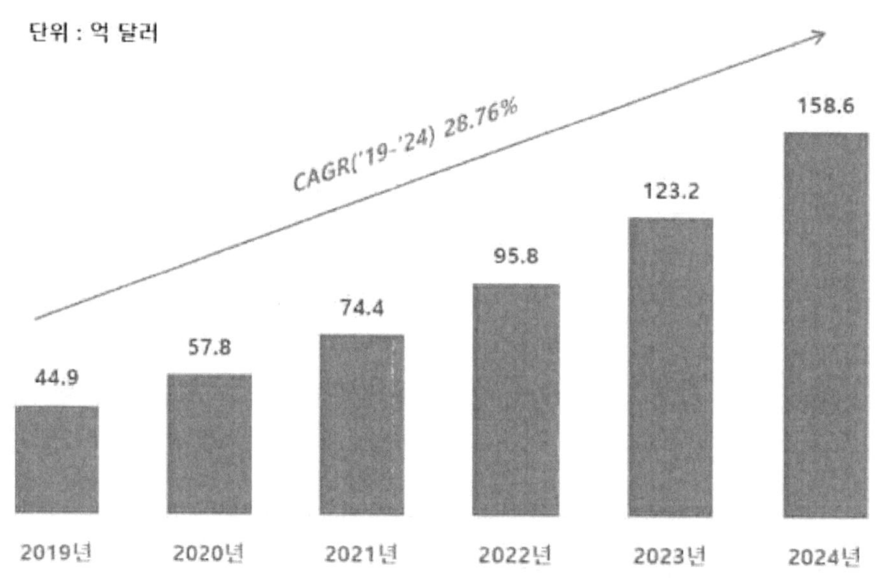

[그림] 전 세계 지능형 로봇 시장규모 및 전망
※ 출처 : Artificial Intelligence Robots Market, MarketsandMarkets, 2020

[그림 160] 전 세계 지능형 로봇 시장규모 및 전망

글로벌 지능형 로봇 시장은 2019년 44억 9,000만 달러에서 연평균 성장률 28.76%로 증가하여, 2024년에는 158억 6,000만 달러에 이를 것으로 전망된다. 전세계 지능형 로봇 시장을 지역별로 살펴보면, 2019년을 기준으로 아시아-태평양 지역이 42.52%로 가장 높은 점유율을 차지하였고, 북미 지역이 34.33%, 유럽 지역이 14.75%, 기타 지역이 8.40%로 나타났다.

---

61) 美, 일상으로 다가온 지능형 로봇/KOTRA

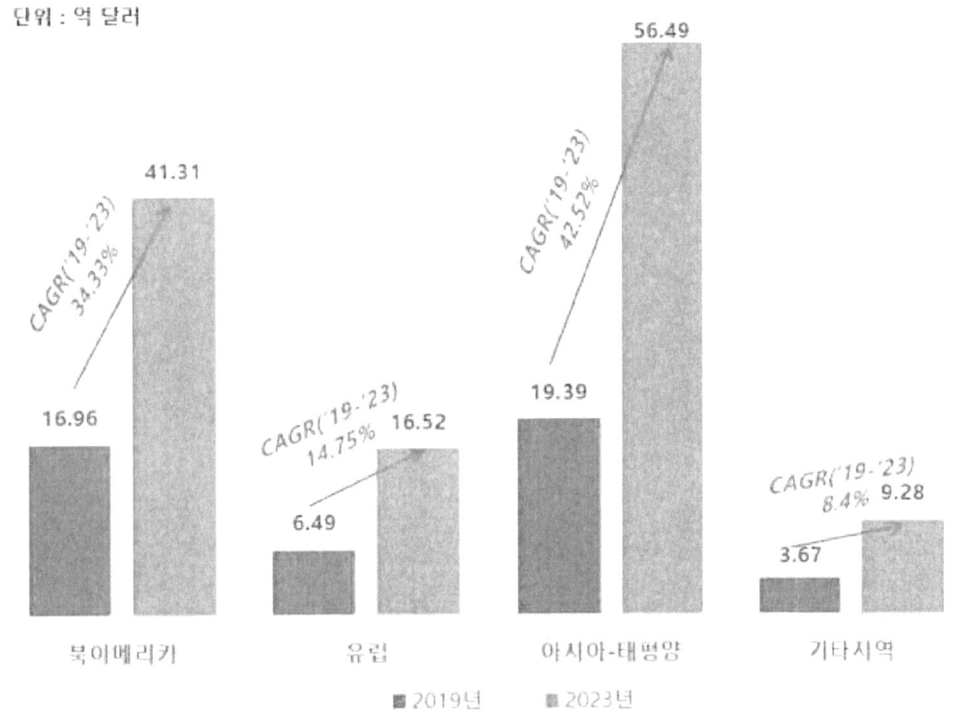

[그림] 지역별 지능형 로봇 시장 규모 및 전망
※ 출처 : Artificial Intelligence Robots Market, MarketsandMarkets, 2020

[그림 161] 지역별 지능형 로봇 시장 규모 및 전망

북미 지역은 2019년 16억 9,600만 달러에서 연평균 성장률 34.33%로 증가하여, 2023년에는 41억 3,100만 달러에 이를 것으로 전망된다. 유럽은 2019년 6억 4,900만 달러에서 연평균 성장률 14.75%로 증가하여, 2023년에는 16억 5,240만 달러에 이를것으로 전망된다.

아시아-태평양 지역은 2019년 19억 3,900만 달러에서 연평균 성장률 42.5%로 증가하여, 2023년에는 56억 4,900만 달러에 이를 것으로 전망되며, 기타 지역은 2019년 3억 6,700만 달러에서 연평균 성장률 8.4%로 증가하여 2023년에는 9억 2,800만 달러에 이를 것으로 전망된다..[62]

---

62) 유망시장 Issue Report 지능형 로봇/연구개발특구진흥재단

2) 국내

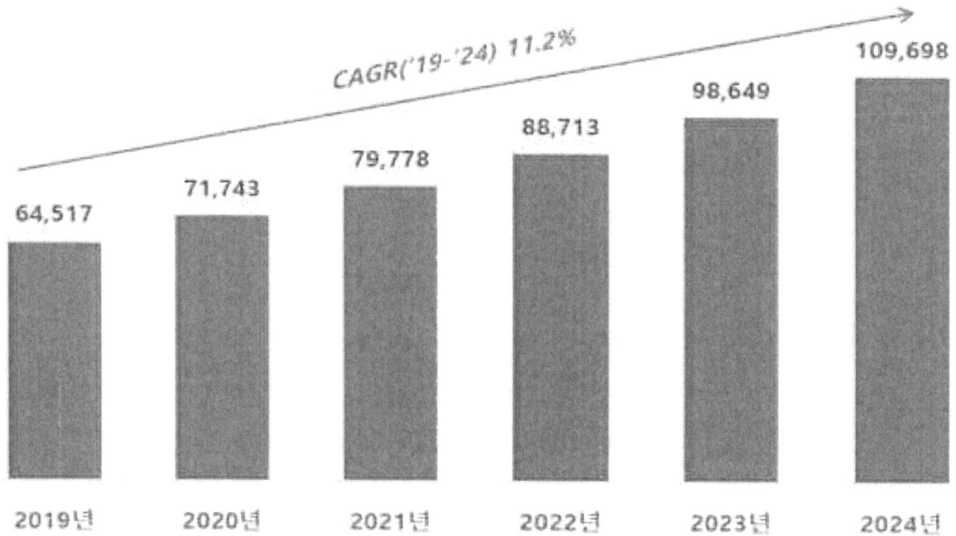

[그림] 국내 로봇 시장규모 및 전망
※ 출처 : 로봇산업 실태조사 편집, 한국로봇산업진흥원 재가공, 2020

[그림 162] 국내 로봇 시장 규모 및 전망

국내 로봇 시장은 2019년 6조 4,517억 원에서 연평균 성장률 11.2%로 증가하여, 2024년에는 10조 9.698억 원에 이를 것으로 전망된다. 로봇산업 매출은 연평균 지속적으로 증가하고 있으며, 2019년 기준 로봇 시장은 지속적으로 성장할 것으로 예상된다.

로봇산업 시장동향

9. 로봇산업 시장동향[63)

가. 해외

Boston Consulting은 세계 로봇산업은 2020년 약 250억 달러에서 2030년에 1,600억 달러 규모로 연평균 20% 성장할 것으로 전망했다. 또한, 인구 고령화, 로봇 가격 하락, 삶의 질 향상 추구 등이 로봇 도입을 촉진하면서 로봇사업 성장의 축이 산업용 로봇에서 서비스 로봇으로 이동할 것으로 전망했다.

세계 로봇산업은 산업용 로봇 중심이었으나 1990년대에 개인서비스 로봇, 200년 이후에는 전문서비스 로봇 개발 붐이 발생하였다. 로봇 도입은 가격하락 뿐만 아니라 로봇 사용량에 비례하여 비용을 지급하는 Robot-as-a-Service(RaaS) 사업모델의 확산 등으로 확대될 전망이며, 5G, AI, 클라우드가 로봇의 기술발전을 견인하면서 관련 시장이 빠르게 성장할 전망이다.

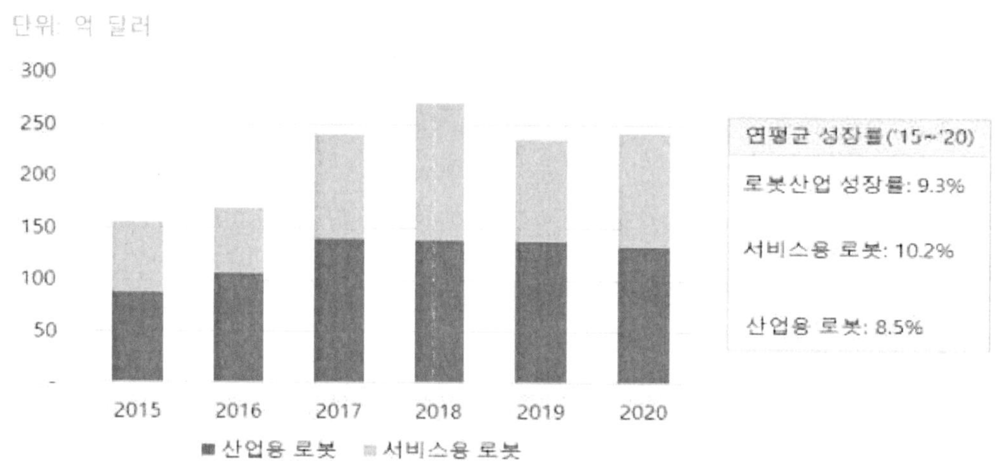

자료 : 국제로봇연맹(International Federation of Robotics), 'World Robotics 2021', 2021.10.

[그림 164] 세계 로봇산업 규모

2020년 기준 세계적으로 운영중인 산업용 로봇은 300만대이며 2020년 한 해 동안 설치된 산업용 로봇은 38.4만대이다. 연간 산업용 로봇 설치대수는 2015년~2020년에 연평균 9% 성장했으며 2021년 산업용 롯봇 설치대수는 48.7만대로 27% 성장한 것으로 추정된다. 국제로봇연맹은 기존에 2023년 산업용 로봇 설치대수를 48.6만대로 전망했으나 예상보다 2년 앞당겨진 2021년에 이를 달성했다.

---

63) 로봇산업 동향 및 성장전략/한국수출입은행 해외경제연구소

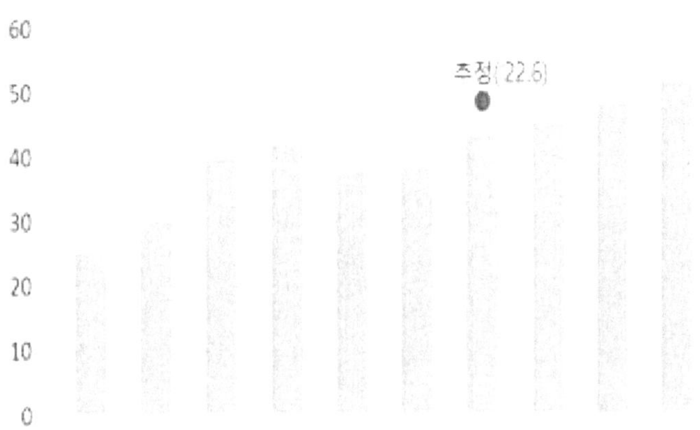

자료 : 국제로봇연맹.

[그림 165] 산업용 로봇 연간 설치대수 (단위: 만대)

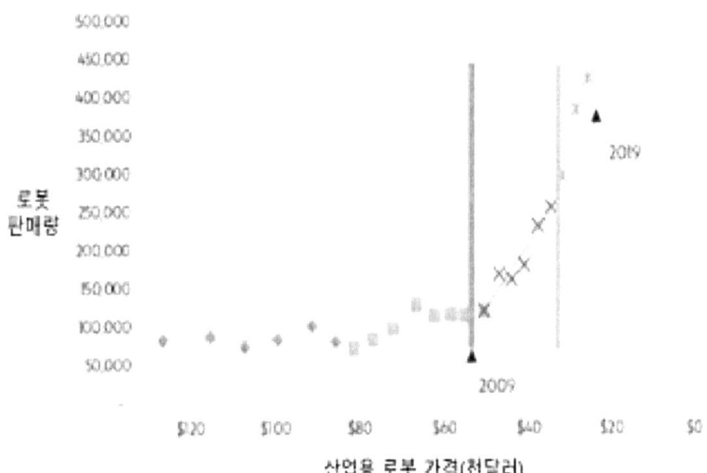

자료 : ARK Investment.

[그림 166] 산업용 로봇 수요의 가격탄력성

 협동로봇은 2020년 산업용 로봇 설치대수의 6%에 불과하나 2017년~2020년에 연평균 26% 성장하였다. 반면에 전통 산업용 로봇 설치대수는 동 기간 연평균 1% 역성장하였다. 가격경쟁력을 갖춘 협동로봇의 성장으로 중소기업의 로봇 도입이 증가하면서 협동로못 설치대수는 2021년~2026년에 연평균 22% 성장할 것으로 전망했다.

 국가별 산업용 로봇 설치 대수 비중은 중국 44%, 일본 105, 미국 8%, 한국 약 8%, 독일 약 6% 순으로 5개국이 76%를 차진한다. 지역별로 아시아가 최대 시장이며 로봇도입률이 낮고 인건비가 상승하는 중국, 인도, 브라질 등의 산업용 로봇 도입이 증가할 전망이다.

2020년 전문서비스 로봇 시장은 전년 대비 12% 증가한 67억 달러를 기록했으며
2020년~2030년에 연평균 25% 성장을 전망했다. 2020년 전문서비스 로봇 판맨량은
전년 대비 41% 증가한 13.2만대이며 세부 판매량 비중은 물류 33%, 전문청소 26%,
의료용 로봇 14%, 접객로봇 11% 순이다.

물류 로봇은 전자상거래의 성장 등으로 판매량이 전년 대비 33% 증가한 4.3만대를
기록하였으며, 주로 실내(물류창고 등)에서 사용되나 실외 배달 로못 등이 성장잠재력
을 보유하고 있다. 전문청소로봇은 코로나19 등으로 판매량이 전년 대비 92% 증가한
3.4만대를 기록하였고, 의료용 로봇의 2020년 판매량은 전년동기 대비 174% 증가한
1.8만대를 기록하였다. 물량은 크지 않지만 평균 판매단가가 높아 금액기준 전문서비
스 로봇 시장의 55%를 차지한다.

소비자용 로봇 시장은 저년ㄴ대비 16% 증가한 44억 달러를 기록하였다. 이 중 주력
제품은 로봇 청소기로 시장규모는 24억 달러이며 소비자용 로봇 매출의 56%, 판매량
의 93%를 차지한다. 로봇 청소기는 2000년대 초반에 출시되었으며 현재 시장 확대
단계에 있다.

서비스 로봇시장에서 전문서비스용 로봇과 소비자용 로봇의 비중은 6:4이며 전문서
비스용 로봇이 소비자용 로봇 대비 성장률이 높을 것으로 전망한다.

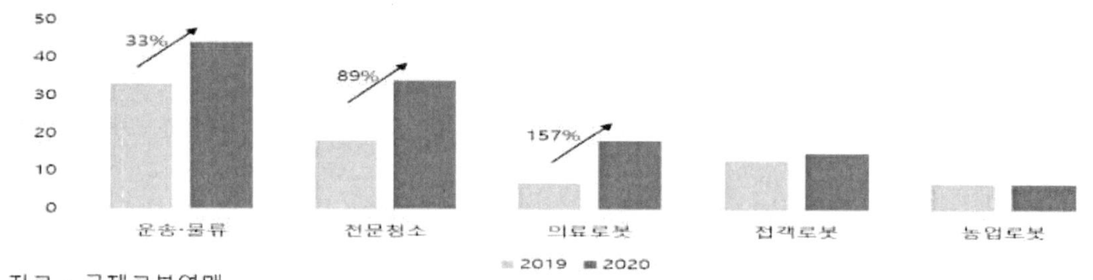

자료 : 국제로봇연맹.

[그림 167] 전문서비스 로봇 판매량 TOP 5

시장조사기관 기트너는 Hype Cycle을 통해 새로운 기술의 등장부터 성숙기에 도달
할 때까지의 시간(기술 성숙도)을 5단계로 분류했다.

① 1단계: 혁신적 기술 단계는 기술이 관심을 받으나 상용제품은 없는 단계
② 2단계: 기대의 정점 단계는 선도기업의 성공과 실패 스토리가 나오기 시작하는 시
점으로 일부 기업은 사업에 착수하나 다수 기업은 관망
③ 3단계: 환멸의 계곡은 다수 기업이 사업을 포기하고 생존 기업만 투자 지속
④ 4단계: 이해의 확산 단계는 명확한 수익모델이 생기면서 시장을 이해
⑤ 5단계: 생산 안정화 단계는 기술이 시장에서 자리 잡음

 지능형 로봇은 Hype Cycle상 기대의 정점 초입에 위치하며 생산 안정화 단계 도달
까지 5~10년이 소요될것으로 전망했다. 대중은 영화 등을 통해 고도로 지능화된 로봇
을 기대하고 있으나 현재는 로봇이 다양한 분야에 도입되면서 Reference를 구축하는
단계이다. 산업용 로봇, 로봇청소기 외 대부분 로봇은 규모의 경제에 도달하지 못하였
고, 산업용 로봇에 필요한 대부분의 기술은 검증된 기술을 사용하나 서비스 로봇에
필요한 대부분의 기술(AI 등)은 개발중이다.

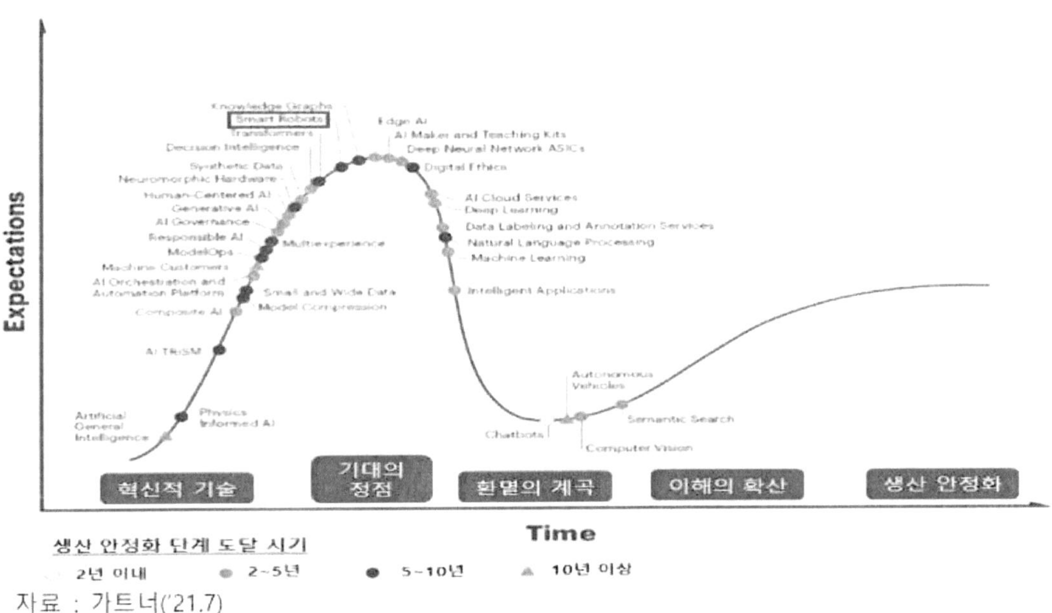

자료 : 가트너('21.7)

[그림 168] Hype Cycle상 지능형 로봇의 위치

분류	현 수준	코멘트
구동	●	· 로봇 팔 및 손의 구동 기술과 이동 기술은 상용화 수준
AI	◐	· 범용 AI 수준에 미치지 못함 · 이미지 인식[2], 음성인식 등 일부 기능에 특화된 특화 AI 수준
5G	◐	· B2B 서비스의 5G 특화망[3]은 태동기 · 인프라 구축(고주파대역 무선기 등) 미비
클라우드	◐	· 일반 클라우드 서비스 시장은 성숙 단계 · 로봇 클라우드는 아마존웹서비스 등을 중심으로 초기 형성 단계
자율주행	◐	· 실내 자율주행 기술 성숙 · 실외 자율주행 기술은 자기 위치 추정 등 기술 진전 필요
운영체제(OS)	◐	· OS 생태계 형성 단계(ROS 등)
소프트 로보틱스[1]	◐	· 소프트 그리퍼, 액츄에이터 등 일부 기술 진전
3D 프린팅	◐	· 3D 프린팅 기술은 성숙했으나, 로봇 활용은 제한적 · 비용 절감 및 사용 가능 재료 확대 필요

주:　1) 유연한 소재(예: 고무)를 활용하여 외부 환경에 대한 적응성이 증진된 로봇 공학
　　　2) 이미지 인식 기술은 2015년 이후 인간의 능력을 추월
　　　3) 특정지역에 한해 사용 가능한 통신망
자료 : 유진투자증권

[그림 169] 주요 로봇 기반 기술 수준

　지능형 로봇으로 발전하기 위한 주요 핵심 기술 수준은 아직 대중의 기대에 미치지 못한다. 로봇 구동기술, 사물인식, 실내 자율주행 기술은 상용화 수준이나 AI, 5G, 클라우드, 실외 자율주행 등의 기술은 발전이 필요하다. AI 기술은 이미지 인식, 음성인식 등 일부 기능에 특화된 AI 기술이 비약적으로 발전했으나 사람의 수준으로 사고하는 범용 AI 수준에는 도달하지 못하였다. 자율주행차는 도로에서만 운행되나 로봇의 실외 자율주행 기술은 비정형화된 공간, 다양한 장애물 등으로 인해 자율주행차보다 높은 수준의 기술이 필요하다.

나. 국내64)

 국내 로봇시장은 제조업용 로봇이 52%로 가장 큰 비중을 차지하며 다음으로 부품 및 소프트웨어 32%, 서비스용 로봇 16% 순이다. 2020년 기준으로 한국의 산업용 로봇 판매량은 중국, 일본, 미국에 이어 세계 4위로 시장규모는 2.9조원 규모이며 전기전자, 자동차산업 중심으로 로봇 활용이 활발함. 1978년 현대자동차에서 용접용 로봇 도입을 시작으로 국내 자동차산업의 성장과 더불어 제조용 로봇 도입 증가하였다. 1980년대 중반 이후에는 전기전자산업에서 로봇 도입이 증가했으며, 1990년대에는 반도체 산업, 2000년대부터는 디스플레이 산업의 성장과 더불어 로봇 보급 확대되었다.

 서비스용 로봇 시장은 8,600억원 규모로 2015~2020년에 연평균 6.4% 성장했으며, 로봇 청소기외 물류로봇, 의료로봇 시장은 시장형성 초기 단계이다. 로봇 청소기 시장은 2018년 20만대에서 2020년 30만대 규모로 성장하였고, 로봇 부품 및 소프트웨어 시장은 1.8조원 규모이며 부품 중심으로 성장하였다.

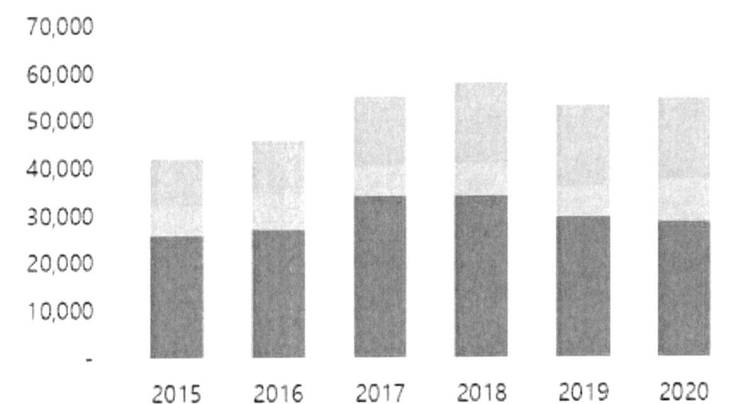

주: 로봇산업 사업체(4,340개)를 기준으로 모수추정
자료 : 로봇산업 실태조사 결과 보고서(2021).

[그림 170] 한국 로봇시장 규모

 2020년 한국 로봇 생산은 5조원으로 2015~2020년에 연평균 3.6% 성장하였다. 한국 로봇산업은 제조업용 로봇과 부품 및 소프트웨어 중심의 구조이며, 로봇생산은 제조업용 로봇이 52%로 가장 큰 비중을 차지하며 다음으로 부품 및 소프트웨어 33%, 서비스용 로봇(전문서비스용 로봇 9%, 개인서비스용 로봇 7%) 16% 순이다.

 한국 로봇 생산은 2017년 이후 5조원 수준을 유지한다. 로봇 생산 연평균 성장률이

---

64) 로봇산업 동향 및 성장전략/한국수출입은행 해외경제연구소

가장 높은 품목은 부품 및 소프트웨어(12.0%)이며, 다음으로 전문서비스용 로봇 10.5%, 개인서비스용 로봇 2.1%, 제조용 로봇 1.2% 순이다. 제조업용 로봇 생산은 2.6조원으로 이적재용 및 핸들링 로봇이 46.3%이며, 조립분해·접착·마킹 및 라벨링용 로봇이 20.8%로 이 두분야가 중심으로 생산한다.

전문서비스용 로봇 생산은 4,332억원으로 안전 및 극한작업용 로봇 18.2%, 의료용 로봇 15.7%, 군사용 로봇 13.4%, 중심으로 생하며, 개인서비스용 로봇 생산은 3,564 억원으로 로봇 청소기 등에 대한 수요 증가로 가사용 로봇(62.5%) 중심으로 생산한 다.

로봇부품 및 소프트웨어 생산은 1.6조원으로 로봇 구동용 부품 30.4%, 로봇 제어용 부품 25.8% 중심이며, 로봇용 작동 소프트웨어 개발 및 공급은 6.7%이다.

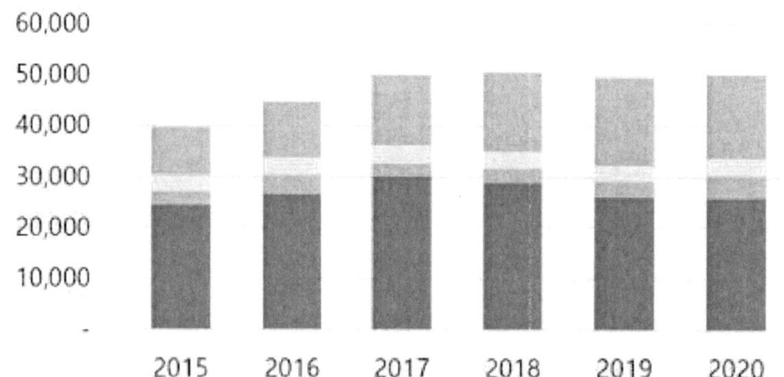

주: 로봇산업 사업체(4,340개)를 기준으로 모수추정
자료 : 로봇산업 실태조사 결과 보고서(2021).

[그림 171] 한국 로봇 생산액

2020년 로봇 수출은 1.1조원으로 2015~2020년에 연평균 6.7%로 성장했다. 로봇 수 출은 제조업용 로봇 수출이 성장을 견인했다. 한국 로봇 수출은 2017년 이후 1.1조원 수준을 유지하며, 로봇 수출의 세부 품목별 비중은 제조업용 로봇 77.6%, 부품 및 소 프트웨어 13.2%, 개인서비스용 로봇 6.1%, 전문서비스용 로봇 3.1% 순으로 차지한 다.

수출 대상국은 중국, 미국, 독일, 일본 중심이며, 중국이 최대 시장이나 전문서비스 용 로봇은 미국이 최대 시장이다. 로봇 수출 연평균 성장률이 가장 높은 분야는

32.7%의 성장률을 보이는 부품 및 소프트웨어와 제조업용 로봇 5.3%, 전문서비스용 로봇 1.7%순이다.

 제조업용 로봇 수출은 8,758억원으로 이적재용 및 핸들링 로봇이 비중 39.4의 비중을 차지하며, 조립·분해·접착·마킹 및 라벨링용 로봇이 29.2%로 수출 비주을 차지한다.

 개인서비스용 로봇 수출은 692억원으로 가사 로봇 75.3% 중심으로 생산하며, 전문서비스용 로봇 수출은 349억원으로 의료 로봇 57.8%로 수출을 견인하고 있다.
 로봇부품 및 소프트웨어 수출은 1,491억원으로 로봇 구동용 부품 38.3%과 제어용 부품 32.8% 중심이며 소프트웨어 수출은 1.0%로 미미하다.

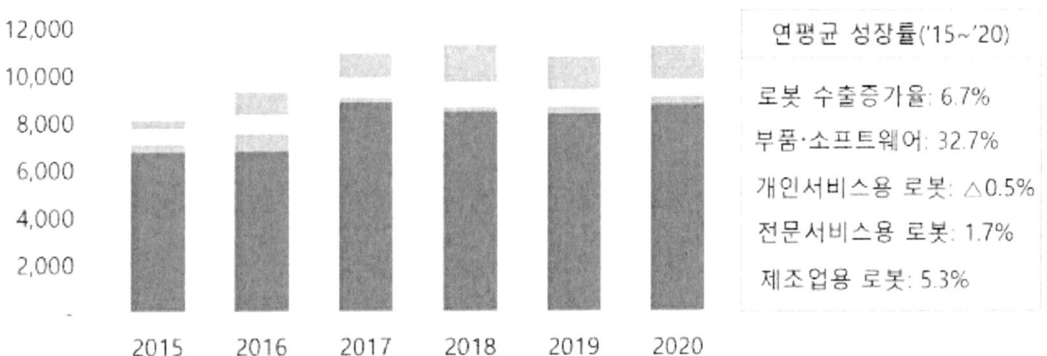

주: 로봇산업 사업체(4,340개)를 기준으로 모수추정
자료 : 로봇산업 실태조사 결과 보고서(2021).

[그림 172] 한국 로봇 수출액

 스마트 제조로봇 최고 기술보유국인 EU의 기술수준을 100으로 볼 때 일본 90.0, 미국 89.0, 한국 80.0, 중국 70.0 순이다. 한국의 스마트 제조로봇 기술은 최고 기술보유국인 EU 대비 80.0% 이며 기술격차는 3년이다. EU는 스마트 로봇에 필요한 통신 등의 기술을 선도하며 스마트팩토리와 연계 활발하며, 일본은 로봇제조 기술은 우수하나 소프트웨어 등에서 EU 대비 열위하다. 미국은 로봇에 AI 적용 시도가 활발하고, 중국은 해외기업 인수 등을 통해 기술력 제고하고 있다.

 한국의 서비스용 로봇의 기술 수준은 최고 기술보유국인 미국 대비 80.0~83.5 수준으로 기술격차는 2.5~3년 수준이다. 적응형 서비스 로봇은 최고 기술보유국인 미국의 기술수준을 100으로 볼 때 일본·EU 95.0, 중국 85.0, 한국 83.5순으로 중국의 기술력이 한국 대비 다소 앞섰다. 미국은 서비스 로봇의 핵심기술인 AI에 강점을 보유하였으며, EU는 미국 수준의 연구 인프라와 역량을 보유하였다. 일본은 로봇 부품, 응용/서비스는 선도적이나 최신 ICT 기술 수용도가 상대적으로 낮다. 중국의 기술력은 선도국 대비 낮으나 가격경쟁력 확보가 유리하며, 한국은 중소기업 중심으로 연구역량이 부족하다.

재난구조 및 극한탐사 로봇 최고 기술보유국인 미국의 기술수준을 100으로 볼 때 일본 95.0, EU 90.0, 한국·중국 80.0 순이다. 한국은 기술 측면에서는 선도국을 빠르게 추격중이나 상용화 실적이 미흡하다.

		일본	미국	EU	한국	중국
스마트	기술수준(%)	90.0	89.0	100.0	80.0	70.0
제조로봇	격차기간(연)	1.0	1.0	0.0	3.0	3.0
적응형 서비스	기술수준(%)	95.0	100.0	95.0	83.5	85.0
로봇	격차기간(연)	1.0	0.0	1.0	2.5	2.5
재난 구조 및	기술수준(%)	95.0	100.0	90.0	80.0	80.0
극한탐사 로봇	격차기간(연)	1.0	0.0	2.0	3.0	3.0

자료 : 한국과학기술기획평가원, '2020년 기술수준평가'

[그림 173] 주요국 로봇 기술 수준

한국의 로봇 부품 기술수준은 최고 기술보유국인 일본 대비 68.6%로 기술격차는 2.3년이다. 최고 기술보유국인 일본을 100으로 볼 때, 미국은 97.1%, 유럽 85.3%, 중국 71.2%이다. 로봇 부품의 국산화율은 41% 수준으로 해외 의존도가 높고 국산 부품 활용 사례가 부족하다.

		일본	미국	유럽	한국	중국
로봇 부품	기술수준(%)	100.0	97.1	85.3	68.6	71.2
	격차기간(연)	0.0	-	-	2.3	-

자료 : 중소벤처기업부, '중소기업 전략기술로드맵 2022-2024'

[그림 174] 주요국 로봇 부품 기술 수준

국내 로봇산업 관련 사업체수는 약 2,500개사이나 중소기업이 98.5%로 대부분을 차지하며, 자본력이 약하며 글로벌 경쟁력을 갖춘 기업은 소수에 불과하다. 로봇산업 관련 사업체중 매출 1,000억원 이상 기업은 5개사에 불과하다.

제조업용 로봇에서 매출 1,000억원 이상 기업은 현대로보틱스, 로보스타, 한화정길기계 등 5개사이며, 매출 100억원 미만 중소기업 비중은 92%이다.

10. 로봇산업 정책

10. 로봇산업 정책[65]

가. 해외

1) 미국

미국은 제조업 부흥을 위해 '첨단제조 파트너쉽(Advanced Manufacturing Partnership)'을 발표하고 협동로봇, 로봇 융합 기술개발 등을 추진하였다. 로보틱스 로드맵(A Roadmap for U.S. Robotics: From Internet to Robotics)은 로봇 연구개발 방향을 제시하고 국가로봇계획(National Robotics Initiative, NRI)은 로봇 기술 연구를 지원 한다. 로보틱스 로드맵은 민간 전문가들이 수립하며 지속적 개정을 통해 환경 변화에 부합 하는 로봇산업 비전과 과제를 제시한다.

1차 로보틱스 로드맵('09)은 국가로봇계획(NRI) 1.0의 근간을 마련하였고, 2차 로보틱스 로드맵('13) 은 로봇을 핵심 경제 조력자(Enabler)로 정의하였다. 3차 로보틱스 로드맵('16)은 자율주행차, 보건 및 가정용 로봇, 제조, 산업용 인터넷 및 사물 인터넷의 사이버 보안기술 강화, 인력 양성 등의 내용을 포함한다. 4차 로보틱스 로드맵('20)은 재료/통합 센서/계획 및 제어 방법 연구와 멀티 로봇의 조화, 상황 인지 성능 향상, 신기술 활용을 위한 인력 훈련 등을 포함한다.

오바마 대통령이 발표한 첨단제조 파트너십('11)의 중요한 부분이 국가로봇계획(NRI)이며, NRI 1.0('11)과 NRI 2.0('16)은 협동로봇, NRI 3.0('20)은 로봇기술 융합을 강조 26) NRI 1.0은 국립과학재단 등의 공공기관 주도, NRI 2.0은 학계, 산업계, 기업간 협력을 권장 했으며 2022년 종료된 NRI는 12년간 300개 이상 프로젝트에 2.5억 달러 이상을 지원 하였다. NRI 3.0 종료 후 국립과학재단은 로봇공학기초연구(Foundational Research in Robotics) 프로그램을 통해 기존 NRI가 지원한 로봇 기초 연구를 지원했다

Manufacturing USA는 미국 제조업의 경쟁력 제고를 위한 공공-민간 네트워크로 ARM (Advanced Robotics For Manufacturing) 등을 통해 스마트 생산 연구를 추진한다. ARM은 항공우주, 자동차, 전기, 섬유산업 등의 로봇 사용 확대를 유도하기 위해 기술 상용화 단계의 연구, 정부-기업-학계의 커뮤니케이션, 로봇 관련 전문인력 육성을 지원한다. ARM의 2020년 상반기의 지원 예산은 5천만 달러이며 과제당 신청 가능 예산은 최대 50만 달러 규모이다.

---

65) 로봇산업 동향 및 성장전략/한국수출입은행 해외경제연구소

보스톤, 피츠버그, 실리콘밸리는 정부, 대학, 기업이 협력하여 '로봇 클러스터 연합
(USARC)'을 조성하였다. 미국 로봇 클러스터 간의 적극적 협업, 로봇과 인공지능(AI)
산업에 대한 집중적 투자, 로봇 스타트업에 대한 지원을 미션으로 연합하엿다. 실리콘
밸리로보틱스으귀 안드라키 매니징디렉터는 '세 도시의 로봇 클러스터는 지난 10년간
10배 이상 성장했고, 전 세계 로봇 스타트업이 미국에서 번창하고 있는 것이 고무적'
이라고 밝혔다.

하버드대와 매사추세츠공대(MIT·보스턴), 카네기멜런대(CMU·피츠버그), 스탠퍼드대
와 UC버클리(실리콘밸리) 등 지역 내 초일류 대학이 중심이 돼 연구·교육·창업·투자가
모두 이뤄지는 선순환 생태계를 만들고 있다.

매사추세츠주 보스톤은 MIT 등 대학교의 로봇 연구가 활발하며 로봇 사업화를 위한
고객 수요조사 및 테스트 지원, 시제품 제작시 로봇 제조사와 연결 등을 통해 창업을
지원하였다. 초기에는 미국 국방부의 R&D 지원, 대학의 인력 양성, 대학 로봇연구소
등의 활발한 창업이 이루어졌으며 이후 VC 등의 참여 등으로 로봇 클러스터가 활성
화되었다.

펜실베니아주 피츠버그는 미국 최초로 로봇 전공학부를 개설한 카네기멜론대학교를
중심으로 로봇 연구가 활발하며 주정부 지원하에 기술의 사업화 등을 지원하였다. 상
용화 가능한 기술개발과 창업을 지원하며, 주정부가 조성한 Ben Franklin Tech
nology Partners를 통해 초기 단계 기술기반 기업 등에 자금 등을 지원하였다.

2021년 미국 내 로봇 투자는 200억달러(약 26조8260억원) 규모로 이미 전 세계 투
자액의 60%를 차지하며, 2022년 3월 조 바이든 미국 대통령은 약 2조달러(약 2681
조8000억원)의 대규모 인프라스트럭처 투자 계획을 발표하면서 5800억달러(약 777조
8960억원)를 연구개발과 제조업 진흥에 투입한다고 밝혔다.[66]

---

66) `3대 로봇도시` 키우는 美…보스턴서만 창업 10배 늘었다/매일경제

2) 일본

일본은 '로봇 신전략' 하에 사회문제 해결을 목표로 로봇 관련 규제개혁, 기술 개발, 로봇 보급, 시스템 통합(SI) 기업 및 인력육성 등을 지원한다. 2015년 발표한 '로봇 신전략'은 아베노믹스의 성장 전략에 따라 일본이 직면한 고령화, 재해 등의 사회문제 해결을 위해 로봇산업 육성을 추진하였다. 세계 로봇 이노베이션 허브로 성장, 세계 최고의 로봇 활용 사회 구현, 사물인터넷 시대 로봇으로 세계시장 선도를 목표로 수립하고 2020년까지 총 1,000억엔 투자를 계획했다.

2020년까지 제조업 조립공정의 로봇 보급률을 대기업은 25%, 중소기업은 10%, 서비스산업은 30%까지 높이겠다는 계획이다. 경제산업성은 로봇관련 전략 추진 모체로 '로봇 혁명 이니셔티브 협의회(RRI)'를 설립 하였다. 산업계, 학계, 정부 등이 참여하며 IoT에 의한 생산 시스템 개혁, 로봇 활용 추진, 로봇 이노베이션 등의 분야에 워킹그룹을 구성하고 표준화 등을 추진한다.

일본 정부는 특히 로봇신전략의 핵심 지표로 로봇 SI 시장의 확대를 추진하고 있다. 산업 측면에선 농업, 인프라, 헬스케어 부문에 로봇을 집중 보급하겠다는 실행 계획을 제시했다.

일본의 로봇 산업 육성 정책을 구체적으로 보면 로봇 혁명을 위한 추진체계 정비와 핵심기술 개발, 제도적 인프라 정비, 규제 개혁 등을 추진하고 있으며 주요 공업협회, 대학, 연구기관, 지역 연계조직 등이 참여해 니즈와 기술의 매칭 및 성공사례 보급, 국제표준 대응 등을 추진하고 있다. 또한 차세대를 향한 기술 개발을 위해 인공지능, 센서 및 인식시스템, 구동 및 제어시스템 등을 병행해 개발하고 정보공유와 경쟁을 촉진하고 있다. 로봇과 기존 무선시스템과의 주파수 공용 규칙 정비, 수술지원 로봇 등 의료기기 신속 심사, 자율주행차·드론·인프라 유지보수 로봇 관련 법령 정비 등 로봇 규제개혁도 적극 추진하고 있다. 일본은 로봇 산업 육성을 통해 세계 로봇 혁신거점화, 세계 제1의 로봇 활용 사회, 로봇과 인접기술과의 선제적 융합을 목표로 하고 있다.[67]

수출신용기관 일본국제협력은행(JBIC)은 4차 산업혁명 시대에 일본기업의 혁신 촉진과 피투자회사와의 사업기회 창출을 위해 해외 벤처펀드에 지분을 투자하였다. JBIC은 2017년에 일본 컨설팅·투자회사 IGPI와 해외투자펀드 'JBIC IG 파트너스'를 설립하였다. 일본기업과 해외기업에 공동 투자하여 일본기업의 투자위험을 분산하고, JBIC IG 파트너스가 투자한 해외기업과 일본기업간의 거래 확대를 목표로 펀드를 운영하였다. JBIC IG 파트너스는 발트지역 사모펀드 BaltCap과 JB Nordic Fund(별칭

---

67) [2021 로보월드 특집]<기획> 로봇산업 육성에 사활을 걸고 있는 국가들/로봇신문

NordicNinja)를 조성하고 북유럽·발트지역 첨단기술 스타트업에 투자하였다. 북유럽·발트지역은 유럽의 실리콘 밸리로 불리나 일본기업의 진출이 제한적인 지역이며, 동 펀드는 자율배달로봇 기업 Starship Technologies 등에 투자, JBIC은 마루베니, SMBC(Sumitomo Mitsui Banking Corp.)와 싱가포르 Vertex Venture Holdings가 운영하는 벤처펀드 Vertex Master Fund II에 지분투자하였다.

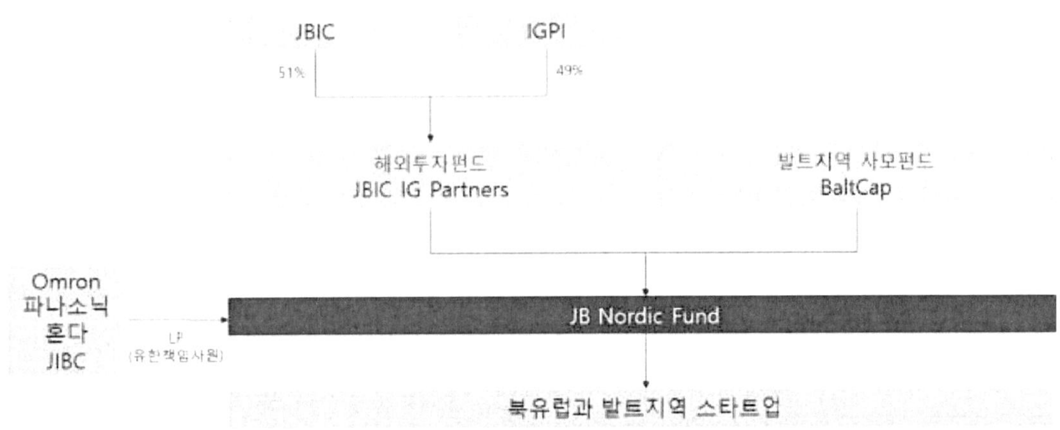

[그림 176] JB Nordic 펀드 구조

3) 중국

중국은 '중국 제조 2025'의 핵심분야로 로봇을 선정했으며 로봇산업 발전계획 (2016~2020) 등을 통해 로봇산업을 10대 육성산업 중 하나로 선정했다. 중국은 낮은 인건비로 세계의 공장 역할을 담당했으나 인건비 상승으로 제조 경쟁력 하락하자 이를 타개하기 위해 로봇산업에 주목하였다.

로봇산업발전계획('16~'20)은 중점 로봇 제품 10개. 중점 부품 5개, R&D 강화 시책 등을 포함시켰다.

① 중점 로봇 제품: 용접 로봇, 협동로봇, Heavy Duty(중량급) AGV, 수술용 로봇, 화재구조 로봇, 간병로봇 등
② 중점 부품: 정밀 감속기, 고성능 로봇 전용 서버 보터 및 드라이버, 고속 고성능 컨트롤러, 센서, 엔드 이펙터
③ R&D 강화 시책: 공통기술 기초연구강화, 로봇혁신 플랫폼 확립 및 개선, 로봇 표

준화 제도 구축 및 강화, 로봇 인증제도 구축 및 강화 추진

2020년까지 중국 브랜드 산업용 로봇 연간 생산량 10만대 달성, 서비스 로봇 연간 매출액 300억 위안 이상 달성을 목표로 수립하며, 재정 지원 확대, 자금 지원 확대, 인적 역량 강화, 국제교육 및 협력 확대 등을 추진하였다.

2017년에는 차세대 인공지능산업 발전 추진 3년 행동계획('18~'20)을 통해 서비스로봇 육성을 본격화하며, 2020년까지 가정용 서비스 로봇과 지능형 공공서비스 로봇의 대량 생산 및 활용 등의 계획을 발표했다.

2021년에는 '14차 5개년 로봇산업 발전계획('21~25)'을 발표하고 2035년까지 육성이 시급한 8대 전략적 신흥산업중 하나로 로봇산업을 지정했다. 2025년까지 로봇산업 매출액 연평균 20% 성장, 국제경쟁력을 확보한 선도기업 및 혁신 역량을 보유한 강소기업 육성 등을 목표로 수립했다. 중국은 세계 최대 산업용 로봇 시장이나 핵심부품은 수입 의존도가 높고, 로봇 내수 시장은 외국계 기업 점유율이 70% 이상이다. 이에 로봇 핵심 기술에서 국제 선도국 수준에 도달하고 핵심 부품 성능과 신뢰성이 국제 동류 제품중 선두 수준에 도달을 목표로 한 것이다.

중국수출입은행은 중국산 로봇 및 중국 브랜드 로봇기업 육성을 위해 M&A, 동북 지역의 로봇 클러스터 개발 등을 적극 지원하고 있다. 중국 최대 산업용 로봇기업인 SIASUN Robot은 중국수출입은행의 지원하에 산업용 로봇에서 청소로봇, 서비스 로봇 등으로 사업을 다각화하며 성장시켰다. SIASUN Robot은 2000년에 설립된 중국과학원 산하 기업으로 2007년에 GM에 로봇을 공급하면서 인지도를 제고했으며 40개국 이상으로 로봇이 수출되고 있다. 매출은 '17년 24.6억 위안(4,840억원)에서 '21년 33.0억 위안(6,500억원)으로 연평균 8% 성장하였다.

4) EU

EU는 로봇을 차세대 핵심 전략산업으로 선정하고 연구기금 지원제도 Horizon 2020 ('14~'20), Horizon Europe('21~'27)을 중심으로 민관협력을 통한 로봇 기술 개발을 지원한다.Horizon 2020에 의해 로봇공학에 지원되는 민관협력 프로그램인 SPARC (Partnership for Robotics in Europe)을 통해 2014~2020년에 약 28억 유로 지원 추진중이다.

Horizon 2020의 후속사업인 Horizon Europe('21~'27)은 SPARC에 이어 ADRA (AI, Data and Robotics Association)을 통해 협력 예정이며, AI와 로보틱스에 민관

이 26억 유로를 투자하여 스마트 제조를 위한 AI 로보틱스 시스템, 로봇 인지능력 향상 등을 선정하여 기술혁신을 주도할 계획이다.

독일 등 주요국도 로봇산업 지원 정책을 수립하였다. 독일은 산업부문의 디지털 혁신을 위해 PAiCE(Platforms, Additive Manufacturing, Imaging, Communication, Engineering) 프로그램을 통해 2026년까지 5년간 5,000만 유로의 예산 투입 계획이다.

영국은 2021년까지 산업전략기금(Industrial Strategy Challenge Fund)은 극한 환경에 적용 가능한 로봇, AI 프로젝트에 1.1억 파운드 지원하고, 유럽투자은행(EIB)는 벤처 대출, 혁신적인 중소기업 지원을 위한 European Gurantee Fund 등을 통해 로봇기업의 성장을 지원한다.

덴마크는 정부-연구소-기업간 유기적 협력하에 로봇산업을 육성했으며, 틈새 시장인 중소기업 맞춤형 기술개발 등을 통해 로봇산업의 패러다임을 전환시켰다. 조선업의 경쟁력 제고를 위해 로봇산업에 대한 관심이 높았으며, 조선업의 몰락 이후 지역경제를 살리려는 지방정부와 대학의 노력 등으로 로봇기업 창업이 활발해졌다.

세계적 해운사 머스크는 오덴세에 조선소를 운영했으며 아시아 조선소와 가격 경쟁이 심화되면서 로봇에 관심이 높아져, 머스크 창립자 가족의 기부를 기반으로 1990년대 중반에 South Denmark University의 로봇연구소가 설립되었다.

덴마크는 로봇산업 후발주자였으나 틈새시장인 중소기업 맞춤형 기술개발, 스타트업 육성 등을 통해 협동로봇, 자율이송로봇(AMR) 부문에서 경쟁력을 확보하였다. 4차 산업혁명 기술 연구를 위해 MADE Digital이 출범('16)했으며 공통 관심사가 있다면 기업 규모·업종에 제한을 두지 않는 연구 프로젝트를 진행하였다.

덴마크 정부의 성장기금(Danish Growth Fund)은 신생기업에 직간접적으로 투자하거나 대출을 지원하며 하이테크 벤처기업을 우선적으로 지원하였다. Universal Robots는 2005년 설립되었으며 2008년 Danish Growth Fund 투자 이후 빠른 성장을 거듭하고 2010년 이후 해외진출 가속화하였다. 정책적 지원하에 Univeral Robots, AMR 기업 MiR, End-of-Arm-tooling 기업 OnRobot 등이 글로벌 기업으로 성장하였다. OnRobot은 2015년 설립 후 Danish Growth Fund와 적극적인 M&A 활동을 통해 제품 포트폴리오를 확대하고 선도기업으로 도약하게 되었다.

나. 국내

한국은 로봇산업 글로벌 강국으로 도약을 목표로 로봇산업 생태계 강화를 추진하며, 2008년 지능형 로봇 개발 및 보급 촉진법을 제정했으며 법에 따라 5년 단위로 기본계획, 연단위로 실행계획을 수립하였다.

제1차, 제2차 기본계획을 통해 로봇산업진흥원을 설립('10)하고 2011년부터 로봇산업지원을 본격화하였다. 제 3차 기본계획('19~'23)을 통해 2023년까지 로봇산업 글로벌 4대 강국으로 도약을 추진하고 있다. 목표 달성을 위해 3대 제조업 중심 제조로봇 확대 보급, 4대 서비스 로봇분야 육성, 로봇산업 생태계 기초 체력 강화를 추진한다.

제조현장의 디지털 전환 가속화를 위해 3대 제조업(뿌리·섬유·식음료)과 전후방 연관 효과가 큰 항공, 조선 등을 중심으로 표준모델 개발 확대, 기개발 모델의 보급확산에 주력 하며, 4대 서비스 로봇분야(돌봄, 웨어러블, 의료, 물류) 육성을 위해 기술개발, 보급·실증사업을 추진하며, 부품·소프트웨어 개발, 원가비중이 높고 국산화율이 낮은 부품 중심으로 실증보급 사업 추진중이다.

한국은 선도국과 기술격차 축소, 기업지원 인프라 구축에 집중하면서 창업, 사업화, 해외진출 지원 등은 타 국가 대비 상대적으로 미흡하다. 기술개발 중심의 지원정책 등으로 한국의 로봇 특허 수('10~'19)는 중국, 미국, 일본에 이어 세계 4위를 기록했다.

한국은 10년간 로봇 기술개발에 6,000억원 이상을 투입했으며 로봇의 시험인증, 실증 등을 중심으로 지원 정책을 추진했다. 소비자 관련 로봇 특허 건수 세계 1위이며 중국은 산업용 로봇·교통·교육 등, 미국은 ·의료·군사 로봇 등, 일본은 엔터테인먼트·제어 시스템·비전 관련 특허 1위이다.

Top 20 글로벌 로봇 특허 보유 기업('15~'19)중 삼성전자와 LG전자가 각각 1위, 4위이다. 국내 로봇의 기술수준은 개선되었으나 내구성, 신뢰성, 가격경쟁력 등은 개선이 필요하다. 국내기업의 서빙 로봇 가격은 중국기업 제품 대비 15~30% 이상 높으며, 업계에서는 국내 물류로봇, 서빙로봇의 중국기업 점유율을 60% 이상으로 추정된다.

기술의 사업화, 창업지원, 인력육성 등이 부족하고 내수 중심으로 사업이 운영되어 자체 기술 개발에 집중하면서 M&A 등에 대한 관심도가 낮으나 해외기업들은 활발한 M&A, 지분 투자 등을 통해 기술력 제고를 추진하고 있다.

로봇기업은 대부분 기술인력 중심으로 구성되어 사업모델 수립, 마케팅 역량 등이 미흡하여 기술 사업화, 해외시장 개척 등에 어려움을 겪고 있다. 미국 카네기멜론대학(CMU)는 60여명의 교수와 280여명의 연구원이 있으나 KAIST는 35여명의 교수와 극소수의 연구원이 있다.

		미국	일본	중국	EU	한국
산업구조		서비스 로봇 중심 구조	산업용 로봇 강국	산업용 로봇 최대 시장	산업용 로봇과 서비스 로봇	산업용 로봇 중심 성장
정책방향		제조업 부흥 →산업용 로봇 육성	사회문제 해결 →서비스 로봇 육성	제조업 경쟁력 유지→ 로봇산업 육성	로봇산업 경쟁력 유지	로봇산업 생태계 강화
로봇 관련 기업수('20)		-	-	11,066개	-	약 2,500개
주요 기업 매출('21)[1]		Intuitive Surgical 7.8조원	화낙 5.4조원[2]	SIASUN 0.6조원	ABB 4.5조원	현대로보틱스 1,893억원
기술력	로봇공학 특허[3]	9,554건	15,130건	25,154건[4]	(독일)3,439건 (프랑스)1,129건	11,144건
	정부R&D 지원금	2.5억 달러+ ('11~'22)	-	-	28억 유로 ('14~'20)	5,300억원 ('08~'13)
	매출대비 R&D	10~12%	2~7%	4~10%	5% 수준[5]	1~33%[6]
인력육성[7]		CMU(1위), MIT(2위)	동경대(3위)	하얼빈 공업대 (17위)	로잔연방공대 (11위)	KAIST(18위)

주:　1) 전사 매출 기준, ABB는 Robotics & Discrete Automation Business 기준
　　2) 매출비중은 로봇 36.6%, 공장자동화 30.9%, 소형정밀기계 19.7%, 서비스 12.8% 순.
　　　정밀가공기계에서 산업용 로봇(70년대), 공장자동화(90년대)로 사업 확대
　　3) 로봇공학 특허는 2010~2019년 기준
　　4) 중국은 특허 출원 보조금을 지급해 특허 건수 급증. 2021년 1월 대부분의 보조금 지급 종료
　　5) ABB, Kuka 기준
　　6) 레인보우로보틱스('21)의 매출 대비 R&D 비중은 33%
　　7) 연구성과 기준 세계 로봇공학 대학 순위
자료 : Center for Security and Emerging Technology, EduRank, 로봇산업진흥원.

[그림 177] 주요국 로봇산업 현황 비교

연도	정책명	주요 추진전략 내용	
2009년	제1차 지능형로봇 기본계획	• 5개년 R&D 투자 방향 설정 • 3대 기술군별 차별화된 R&D 전략으로 기술 경쟁력 제고 • 스타 프로젝트 추진 • 조기 상용화 촉진을 위한 수요자 중심의 시범사업 강화 • 대규모 로봇 수요 공간 조성 • 세계 최고 권위의 경진대회 육성 • 국내외 시장 확대를 위한 마케팅 지원 • 고용 연계형 다차원적 전문인력 양성	• 로봇제품의 신뢰성 제고를 위한 표준·인증체계 확립 • 법·제도 개선 및 로봇윤리헌장 제정 • 민간 자금을 활용한 로봇산업 투자재원 확보 • 산업 활성화를 위한 지원시스템 강화 • 로봇산업 역량 결집을 위한 협력체계 구축 • R&D 역량 결집 및 산업진흥 전담체계 구축 • 광역경제권별 로봇지원센터 특화 육성 및 연계 강화 • 수요자와 공급자가 함께 참여하는 집단 협업 공간 구축
2014년	제2차 지능형로봇 기본계획	• 글로벌 선도형 대형 R&D 과제 추진 • 다양한 사회적 니즈 반영 • 부품(SW)·서비스 분야 R&D 강화 • 로봇기술의 타 제조·서비스 분야 확산 • 로봇보급사업의 전략적 활용 • 글로벌 협력 강화	• 수요기업·타 산업 주력기업 투자 확대 유도 • 인증·표준 국제화 • 중소기업 중심 로봇전문인력 양성 • 타 산업·타 분야와의 협업 확대 • 로봇산업 협력체계 내실화 • 지역거점 기관 역할 재정립
2019년	제3차 지능형로봇 기본계획	• 3대 제조업 중심 제조 로봇 확대 보급 • 4대 서비스로봇 분야 집중 육성 • 차세대 3대 핵심부품 및 4대 SW 자립화 • 로봇 경제 · 경영 연구소 구축을 통한 로봇 확산 대응 연구 • 제조로봇 도입 기업 중심의 재직자 로봇 활용 교육	• 렌탈/리스 서비스 등 구매 지원을 통해 민간 자율 확산 유도 • 정부 주도의 보조금 정책에서 민간 중심의 융자모델로 전환 • 협동 로봇 작업장 안전인증을 통한 보급 지원 • 규제개선, 해외진출 등을 지원해 국내외 시장 창출 • 他산업에 로봇 융합기술을 확산해 新시장 창출
2022년	2022 지능형로봇 실행계획	• 3대 제조업 중심 제조 로봇 확대 보급 • 4대 서비스 로봇분야 집중 육성 • 로봇산업 생태계 기초체력 강화	• 로봇활용모델 발굴·개발을 통해 全산업 로봇 전환기반 마련 • 실증 다변화를 통한 로봇 대중화 시대 조기 구현 • 선제적 규제개선 및 첨단기술 실증을 통한 혁신성장 분야 육성

* 출처: 제 5차 국가표준기본계획 (산업통상자원부, 2021) 및 2022 지능형로봇 실행계획(산업통상자원부, 2022)

[그림 178] 국내 로봇산업 정책 변화

11. 참고문헌

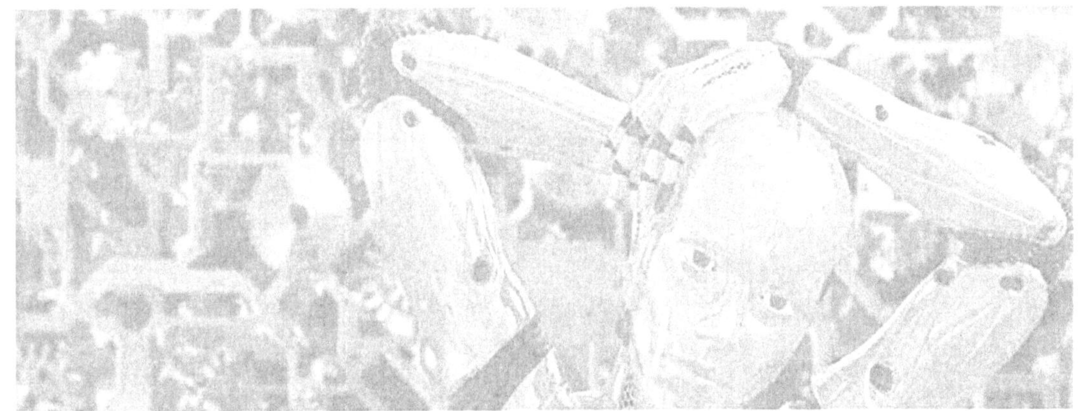

11. 참고문헌

1) 자동차 생산기술과 로봇 자동화
2) 로봇 구조 일반, 고등학교 교과서
3) 미래형제조로봇/NICE평가정보(주)
4) 로봇산업 동향 및 성장전략/한국수출입은행 해외경제연구소
5) 한국로봇산업진흥원
6) 리쇼어링(reshoring) : 국외로 생산기지를 옮긴 자국기업이 다시 국내로 들어오는
   현상
7) 셀-생산방식 : 소수의 직원이 처음부터 끝까지 여러 가지의 공정을 담당해 완제품
   을 생산하는 방식
8) 제조용 로봇 기술 및 시장 동향/&T Market Report
9) [모션&로봇] 제조 및 협동로봇 시장 동향과 국산화 추진 현황/헬로티
10) 로봇신문사
11) 미래형 제조로봇/NICE평가정보(주)
12) 일본 화낙(FANUC), 대형 핸들링 및 소형 풀커버 다관절로봇 신제품 2종 출시/로
    봇기술
13) 스마트미디어 부문 협동로봇 도입과 기술 동향, 최재현, IITP
14) 산업용로봇시장/연구개발트구진흥재단
15) 제조와 전문서비스의 경계를 허무는 물류로봇, 황정훈, 전자부품연구원
16) 물류로봇 기술동향 및 향후전망, KEIT PD Issue Report
17) 고객의 주문에 따라 물품을 보관 장소에서 찾아내어 각 배송처별로 분류하고 정
    리하는 것. 로봇이 피킹 작업자(피커) 앞으로 이동하면 피커가 로봇의 바구니에 주
    문한 물품을 담고 로봇이 다음 목적지로 이동하는 형태이거나, 물류로봇이 피커의
    뒤를 따라서 이동하면 피커가 로봇에 물품을 담는 형태 등으로 응용됨. 로봇 적용
    전에는 사람이 카트를 끌고 이동하면서 주문 물품을 보관장소에서 찾아서 직접 담
    는 수작업 형태가 가장 일반적인 형태임 (물류센터 작업의 80%가 수작업 형태로
    운영)
18) 중소기업 전략기술 로드맵 2023-2025 지능형로봇
19) 국토부, 현대와 손잡고 2026년까지 '로봇배송' 상용화/머니투데이
20) 로봇이 택배 분류부터 출고까지 '척척'…CJ대한통운, 물류 자동화 '속도/투데이코
    리아
21) 중소기업 전략기술 로드맵 2023-2025 지능형로봇
22) 농업로봇 기술동향과 산업전망, KEIT PD Issue Report
23) 중소기업 전략기술 로드맵 2023-2025 지능형로봇
24) 중소기업 전략기술 로드맵 2023-2025 지능형로봇
25) 로봇이 가져올 미국 농업의 변화/KOTRA

26) 정밀농업: 정보통신기술(ICT)을 활용해 비료, 물, 노동력 등 투입자원을 최소화하면서 생산량을 최대화하는 생산방식으로 적절한 수확량과 품질을 유지하면서 친환경적인 생산체계를 만들 수 있음.

27) 영국 SRC, 밭작물용 로봇 대규모 공급/로봇신문

28) [해외시장동향] ② 일본 - '스마트 농업'으로 농촌인력 감소 · 고령화 해결책 찾다/한국농기계신문

29) [유망]일본 스마트 농업 시장동향, 임지훈/KOTRA,

30) 일본 농업의 대안으로 떠오른 수확 로봇/로봇신문

31) 의료서비스 로봇, 유형정, 도지훈, 한국과학기술기획평가원

32) 기구가 피부를 뚫고 들어가며 발생하는 생체에 대한 상해

33) 가상공간에서 촉감을 느낄 수 있게 하는 것

34) 개복과 같은 큰 절개 없이 주사바늘 정도의 최소 절개만으로 시술 통로를 확보한 뒤 영상을 보면서 미세한 수술 도구를 이용해 치료하는 시술

35) 로봇신문사

36) 로봇신문사

37) 로봇신문사

38) End-effector, 로봇이 작업을 할 수 있도록 기계 접속이 가능한 로봇의 끝부분

39) 로봇신문사

40) "기술이 해법"… 뉴캐슬 의과대학의 VR 기술 활용법/CIO Korea

41) kirby Lester 홈페이지

42) Aethon 홈페이지

43) HOSPI-R drug delivery robot frees nurses to do more important work, New Atlas,

44) 신체 삽입 후 내용액의 배출 측정이 가능한 고무 또는 금속제의 가는 관

45) 인공지능 신문

46) 헬스앤라이프

47) 큐렉소 보행재활로봇 '모닝워크', 미국 '물리치료사협회 APTA 2023' 참가/메디케이트뉴스

48) 중소기업 전략기술 로드맵 지능형로봇 2023-2025

49) 의료영상검출보조소프트웨어 3, 의료영상진단보조소프트웨어 3

50) 의료용 로봇 시장/연구개발특구진흥재단

51) 중소기업 전략기술 로드맵 지능형로봇 2023-2025

52) 재난·재해 대응형 IT 기술,/ETRI

53) 재난 및 안전 로봇, 손동섭, Special Issue

54) 재난현장 해결사, 로봇의 개발 현황과 역할/융합연구정책센터

55) 재난 및 안전 로봇, 손동섭, Special Issue

56) 융합연구리뷰. 재난현장 해결사, 로봇의 개발 현황과 역할/융합연구정책센터

57) 융합연구리뷰. 재난현장 해결사, 로봇의 개발 현황과 역할/융합연구정책센터

58) 동아 사이언스

59) 미래형 제조로봇/NICE평가정보(주)

60) 2022 중국 지능형 로봇산업 현황/한국로봇산업진흥원

61) 美, 일상으로 다가온 지능형 로봇/KOTRA

62) 유망시장 Issue Report 지능형 로봇/연구개발특구진흥재단

63) 로봇산업 동향 및 성장전략/한국수출입은행 해외경제연구소

64) 로봇산업 동향 및 성장전략/한국수출입은행 해외경제연구소

65) 로봇산업 동향 및 성장전략/한국수출입은행 해외경제연구소

66) `3대 로봇도시` 키우는 美…보스턴서만 창업 10배 늘었다/매일경제

67) [2021 로보월드 특집]<기획> 로봇산업 육성에 사활을 걸고 있는 국가들/로봇신문

초판 1쇄 인쇄 2019년 11월 07일
초판 1쇄 발행 2019년 11월 14일
개정판 1쇄 발행 2021년 8월 16일
개정2판 발행 2023년 4월 17일

편저 비피기술거래 비피제이기술거래
펴낸곳 비티타임즈
발행자번호 959406
주소 전북 전주시 서신동 780-2 3층
대표전화 063 277 3557
팩스 063 277 3558
이메일 bpj3558@naver.com
ISBN 979-11-6345-438-0 (93550)

이 도서의 국립중앙도서관 출판예정도서목록(CIP)은 서지정보유통지원시스템홈페이지
(http://seoji.nl.go.kr)와 국가자료공동목록시스템 (http://www.nl.go.kr/kolisnet)에서 이용
하실 수 있습니다.